KB119899

처음읽는
미래과학
교과서

다섯번째 이야기
우주공학

| 발간에 부쳐 |

21세기로 접어들면서 인류는 유사 이래 그 어느 때보다도 격렬한 기술 발전을 경험하고 있습니다. 공학기술은 인류의 미래에 무한한 가능성을 열어주고 있지만 핵폭탄, 환경오염에 따른 생태 파괴, 합성물질의 위협에서 보듯 자칫 인류의 생존을 위협할 수도 있습니다.

'처음 읽는 미래과학 교과서' 시리즈는 청소년이 공학 분야를 쉽고 흥미롭게 이해하고 기술문명이 가져올 미래의 변화에 대해 고민할 수 있게 함으로써 더욱더 풍성한 21세기 과학한국의 미래를 열기 위한 기획입니다. 실제 우리의 삶에 가장 밀접하게 존재함에도 불구하고 낯설고 멀게만 느껴졌던 공학을 편안하고 가깝게 느끼도록 하는 것이 발간의 목적입니다. 우리의 미래생활을 위한 비전북이 되기를 희망합니다.

이 시리즈는 산업자원부의 지원을 받아 NAEK 한국공학한림원과 김영사가 발간합니다.

처음읽는 미래과학 교과서
다섯번째 이야기 우주공학

지음_ 채연석
그림_ 이승민

1판 1쇄 발행_ 2007. 11. 26.
1판 5쇄 발행_ 2016. 8. 11.

발행처_ 김영사
발행인_ 김강유

등록번호_ 제406-2003-036호
등록일자_ 1979. 5. 17.

경기도 파주시 문발로 197(문발동) 우편번호 10881
마케팅부 031)955-3100, 편집부 031)955-3250, 팩시밀리 031)955-3111

값은 표지에 있습니다.
ISBN 978-89-349-2188-2
ISBN 978-89-349-2183-7(세트)

독자 의견 전화 031)955-3200
홈페이지_ www.gimmyoung.com   카페_ cafe.naver.com/gimmyoung
페이스북_ facebook.com/gybooks   이메일_ bestbook@gimmyoung.com

좋은 독자가 좋은 책을 만듭니다.
김영사는 독자 여러분의 의견에 항상 귀 기울이고 있습니다.

처음읽는 미래과학 교과서

다섯번째 이야기
우주공학

채연석 지음

김영사

contents

인사말 · · ·08
우리가 상상할 수 없는 엄청난 세계, 우주!
환상적인 우주 탐험을 떠나보자.

01 우 주

우리 은하 · · ·13
태양계 · · ·16
빛의 덩어리인 태양
생명체의 천국인 지구 · · ·20
지구의 구조 · 생명체의 생존 조건 · 희귀 자원이 있는 달
행성들 · · ·31
대기가 없어 뜨거운 수성 · 대기가 있어서 더 뜨거운 금성
인류가 활동할 수 있는 지구 이외의 행성인, 미래의 보물 창고 화성
말썽꾸러기 행성인 소행성 · 가장 큰 행성인 목성 · 아름다운 행성인 토성
창백한 행성인 천왕성 · 막내 행성인 해왕성
신나는 우주 이야기 _ 새로운 작은 행성인 왜행성

02 인류의 지구탈출 도전기

위로 올라가기 · · ·51
기구 · 비행기
지구 일주 · · ·55
무동력 · 기구 · 동력 장치
신나는 우주 이야기 _ 기구의 종류와 제트엔진

03 로켓의 탄생

로켓의 종류 · · · 65

고체 추진제 로켓 · 액체 추진제 로켓 · 스페이스십원에 사용한 하이브리드 로켓

로켓 비행기의 등장 · · · 78

신나는 우주 이야기 _ X-1, X-15 로켓 비행기

04 구소련의 첫 위성 발사와 유인우주비행

인공위성의 원리와 첫 인공위성 · · · 82

인공위성의 원리 · 인공위성의 궤도 · 첫 인공위성인 스푸트니크 1호

우주선 · · · 89

첫 유인 우주선 보스토크호 · 우주복이 필요 없는 보스호트 우주선 ·
안전한 우주선인 소유스호

우주왕복선 · · · 107

한 번만 비행한 부란 우주왕복선

러시아의 미래 우주왕복선인 클리퍼 · · · 112

신나는 우주 이야기 _ 무중력 상태

05 미국의 유인우주비행

바다로 내려오는 머큐리 우주선 · · · 118

쌍둥이 우주선인 제미니 · · · 123

신나는 우주 이야기 _ 레드스톤과 아틀라스 로켓

06 미국의 우주왕복선

구조 · · · 133
궤도선 · 외부 탱크 · 고체 추진제 추력 보강용 로켓
우주선의 조립 · · · 139
발사와 비행 · · · 142
발사 전 준비 · 발사 · 지구 궤도 진입과 우주 비행 · 귀환
착륙 장소와 안전 문제 · · · 146
신나는 우주 이야기 _ 우주왕복선의 경제성

07 중국과 민간의 유인 우주선

중국의 선저우 우주선 · · · 150
첫 민간 우주선인 스페이스십원 · · · 154
타이어원 계획 · 모선인 백기사 · 우주선인 스페이스십원 ·
앤서리 X−프라이즈에의 도전 · 우주 관광사업
신나는 우주 이야기 _ 스페이스십원과 인공위성의 차이점

08 달 탐험 계획

아폴로 계획의 시작 · · · 167
아폴로 우주선 · 새턴 달로켓 · 달 탐험 과정
구소련의 무인 달 탐사 계획 · · · 191
달 샘플을 가져온 루나 16호 · 무인 달 로버인 루나 17호
신나는 우주 이야기 _ 아폴로호의 달 탐험 결산

09 새로운 달 탐험

미국의 새로운 달 탐험 계획 · · · 196
오리온 우주선과 달 착륙선 · · · 198
오리온 우주선 · 달 착륙선
아레스 로켓 · · · 201
아레스 1 로켓 · 아레스 V 로켓
달 비행 · · · 204
달의 남극 기지 · · · 206
착륙 후보지 · 달 기지의 건설
무궁무진한 에너지 자원 · · · 211
각국의 달 탐사 계획 · · · 213
한국 · 러시아 · 일본 · 중국 · 인도 · 유럽우주기구
신나는 우주 이야기 _ 아폴로 11호의 달 탐험은 가짜인가?

10 우주정거장

첫 우주정거장인 살류트 1호 · · · 221
본격적인 우주정거장인 미르 · · · 223
미르의 본체 · 크반트 1호 모듈 · 화물 보급선인 프로그레스 · 미르 우주정거장의 최후
미국의 우주정거장인 스카이랩 · · · 231
국제우주정거장 · · · 235
국제우주정거장의 건설 계획 · 우주정거장의 관측 · 우주정거장에서 얻게 되는 것들
신나는 우주 이야기 _ 우주정거장의 모양

부록

키워드 · · · 243   **참고문헌** · · · 248   **찾아보기** · · · 251

우리가 상상할 수 없는 엄청난 세계, 우주!
환상적인 우주 탐험을 떠나보자.

올해는 구(舊)소련이 첫 인공위성인 스푸트니크 1호를 발사한 지 50주년이 되는 특별한 해이다. 즉, 인류가 우주개발을 시작한 지 50년이 되는 해인 것이다. 50년이라면 긴 시간 같기도 하고 짧은 시간 같기도 하다. 그러나 이 50년 동안 인류는 무척 큰 변화를 겪었다. 특히 1969년 7월, 미국의 아폴로 11호가 우주인 두 명을 달에 발을 디디게 한 것은 지구에서만 수십만 년을 살아온 인류에게 새로운 도전의 시작이었다. 이러한 우주개발 과정 속에서 수많은 첨단 과학 기술이 탄생했고 우주공학이 시작되었다.

우리나라도 1992년에 우리별 1호를 쏘아 올리며 우주개발을 시작했다. 작년에는 아리랑 2호와 무궁화 5호를 발사했고, 현재는 전라남도 남해안에 나로 우주센터를 건설하고 있으며, 이곳에서 국내 최초로 인공위성을 발사할 예정이다. 그동안 우리가 만든 인공위성을 국내에서 발사할 수 없어 외국에서 외국의 우주로켓에 실려 발사되었다. 2008년에 나로 우주센터에서 우리의 우주로켓으로 인공위성을 성공적으로 발사한다면 우리나라는 인공위성을 자력으로 발사한 아홉 번째 나라가 된다.

세계 각국에서 우주개발을 시작한 지 50년이 지났지만 스스로 인공위성을 발사하기가 이렇게 어려운 것이다. 2007년 9월에는 고산 우주인을 탑승 우주인으로 선발하였고 2008년 4월에 러시아의 소유스 우주선을 타고 일주일간 우주 비행을 하며 우주정거장에서 과학 실험을 하고 귀국할 예정으로, 현재 러시아에서 훈련을 받고 있다.

이 책에서는 우리가 살고 있는 태양계와 지구에 대해 살펴보고, 인류가 우주로 나가기 위한 그동안의 도전도 살펴보겠다. 또 우주로 나가기 위한 유일한 수단인 로켓에 대해서도 살펴보겠다. 물론 우리의 옛 로켓인 신기전도 알아보고, 달로 인류를 운반한 아폴로 우주선과 새턴 5 달로켓, 그동안 사고를 많이 일으킨 우주왕복선도 살펴보겠다.

특히 이 책에서는 사람을 태운 우주 비행, 즉 유인 우주 비행에 대해서 중점적으로 살펴보겠다. 앞에서도 이야기했지만 우리나라의 우주인이 곧 우주 비행을 할 예정이기 때문에 우리 청소년들도 유인 우주 비행에 대해 많은 관심을 가지고 있을 것이다.

지금까지의 우주개발은 사람을 달에 보내기 위해서, 그리고 편안하게 우주로 나가고 돌아오기 위해서 진행되었다. 그러나 앞으로의 우주개발은 지구에 필요한 자원을 찾고 확보하기 위해 진행될 것이다. 이를 위해 현재 미국을 중심으로 전 세계가 힘을 모아 2015년까지 다시 달에 가는 계획들을 진행시키고 있다. 우리나라도 이 계획에 참여할 예정이다. 따라서 새로운 달 탐험 계획과 여기에 사용될 새로운 우주선과 로켓도 살펴보겠다.

우주공학은 어려운 분야이다. 그리고 아주 폭이 넓다. 특히 우주는 진공이며 밤낮의 온도 차이가 250℃ 이상 나는 극한의 상태이기 때문에 이러한 환경에서도 움직이는 정밀한 기계, 전자 시스템을 연구하는 분야가 우주공학인 것이다.

우주공학의 산물인 인공위성 1kg의 가격이 2~3억 원 정도가 되는, 가치가 아주 높은 분야기 때문에 우리나라도 열심히 이 분야를 발전시키고 있다. 우리 청소년들도 우주공학에 많은 관심을 기울여 장차 세계적으로 진행될 달 기지 건설과 화성의 유인 탐험에 주인공으로 참여할 수 있었으면 좋겠다는 생각을 갖게 된다. 우리 청소년들은 과학 기술에 뛰어난 재주를 갖고 있기 때문에 우주공학 분야에서도 세계적인 과학 기술자들이 배출되어 세계의 우주공학 발전에 큰 업적을 남길 수 있을 것이다.

이 책은 필자가 미국에서 박사학위를 받은 지 19년 만에 연구 연가로 미국 미시시피 주립대학교 항공우주공학과에 나와 있는 동안에 집필하게 되었다. 미국에 있는 동안 방학을 이용해 케네디 우주센터, 애리조나 주의 운석 크레이터, 워싱턴의 스미소니언 항공우주박물관을 방문해 직접 촬영한 우주 관련 사진들과 직접 그리거나 합성해 만든 그림들을 함께 소개하여 우주공학에 대한 이해를 돕고자 한다. 여러 곳의 우주센터를 방문하기 위해 가족들이 교대로 운전하는 등 많은 수고를 해 주었다. 건축학도인 딸 수안이는 여러 장의 운석 크레이터 사진을 한 장처럼 합성해 주었고, 각종 그림을 만드는 데 많은 도움을 주었다. 또 항공우주공학도인 아들 수강이는 케네디 우주센터에서 우주선과 로켓을 촬영하는 데 많은 도움을 주었다. 끝으로 이 책이 우리 청소년들에게 우주공학자의 꿈을 갖게 하는 데 조그만 밑거름이 되기를 기원해 본다. 삽화를 예쁘게 그려주신 이승민씨에게 감사 드린다.

미국 미시시피 주립대학교
항공우주공학과 연구실에서
채연석

01

우주

　우리는 태어나면서부터 지구라는 큰 우주선을 타고 초속 29.79km의 아주 빠른 속도로 태양 주위를 여행하고 있다. 우리는 다양하게 바뀌는 주변의 경치를 볼 수 있기 때문에 여행을 좋아한다. 그러나 지구 우주선을 타고 여행을 하면 기후는 늘 변하지만 주변의 경치가 크게 달라지는 것이 없기 때문에 우리가 여행을 하고 있는지 잘 모를 뿐이다. 지구 우주선은 생명체가 살고 있는 우주선이다. 생명체가 살 수 있도록 물이 있고, 공기가 있고, 태양에서 전해지는 열이 있다. 지구 표면은 공기를 통해서 곧바로 우주와 연결되어 있다. 반면 우주는 아무것도 없는 차가운 곳이다.

　아무것도 없는 것을 우리는 진공 상태라고 한다. 진공 상태 속에서 어떻게 지구 표면에 물과 공기가 있을까? 이것은 지구의 중력이 물과 공기를 지구 표면에 붙잡고 있기 때문이다. 이렇게 신비로운 곳이 바로 지구 우주선이다. 그리고 지구가 소속되어 있는 곳은 태양계이다. 태양이라는 항성에서 세 번째로 떨어져서 돌고 있는 행성이 지구인 것이다. 그렇다면 태양은 어디에 있는 것일까? 태양은 바로 우리 은하에 소속되어 있다. 우리 은하의 일부분인 것이다.

우리 은하

우주에는 많은 별들이 모여 있는 은하가 1,000억 개 이상 있다고 추정된다. 그리고 하나의 은하에는 태양 같은 항성이 2,000~4,000억 개 이상 있다고 한다. 그러니까 태양이 포함되어 있는 우리 은하에만 2,000~4,000억 개 이상의 태양계 같은 조직이 있는 셈이다.

우리 은하는 나선형의 원반처럼 생겼는데 크기는 가운데 구형부의 직경이 1만 6,000광년이며, 그 주변의 직경은 9만 8,000광년이다. 또 크게 5개의 팔이 있다. 직각자리 팔과 방패-남십자자리 팔(켄타우루스자리 팔), 궁수자리 팔, 오리온자리 팔, 페르세우스자리 팔, 그리고 고니자리 팔이 그것이다. 태양계는 오리온자리 팔 중 은하 중심에서 3만 3,000광년 떨어진 지점에 위치하고 있다. 지구가 태양을 회전하듯이 태양도 우리 은하의 중심부를 중심으로 초속 250km의 빠른 속도로 2억

5,000년에 한 번씩 돌고 있다. 이렇듯 은하가 빠른 속도로 공전하고 있는 것이나 은하끼리 서로 일정한 거리를 유지하고 있는 것은 서로 잡아당기는 엄청난 힘이 있기 때문이다. 그래서 은하의 중심에는 블랙홀이 있을 것이라고 추측하는 과학자도 많다.

우리 은하의 중심은 궁수자리 방향에서 가장 밝게 보이는 곳이다. 우리 은하의 북쪽에 카시오페이아자리가 있고, 남쪽에는 남십자자리가 있다. 밤하늘에 보이는 은하수도 우리 은하의 일부분이다. 은하수 양쪽에 밝게 빛나는 견우와 직녀는 독수리자리의 알타이어와 거문고자리의 베가별이다.

우리 은하 속에서 태양계와 가장 가까운 다른 항성은 켄타우루스인데, 4.28광년 떨어져 있다. 이 거리는 지구와 태양 사이의 거리의 25만 배나 멀리 떨어져 있는 것이다. 지금까지 인간이 개발한 우주선 중에서 가장 빠른 우주선을 이곳에 보낸다고 해도 8만 년은 걸린다. 획기적으로 빠르게 갈 수 있는 로켓 추진 기술이 개발되기 전까지는 태양계를 벗어나 다른 별에 우주 여행을 간다는 것은 아직은 꿈같은 이야기이다. 이러한 이유 때문에 얼마 동안의 우주 탐험은 태양계 내에서 진행될 것이다. 더구나 사람이 하는 우주 여행은 획기적인 방법이나 우주선이 개발되기 전까지는 태양계 내에서도 달이나 화성, 소행성까지가 갈 만한 장소인 것이다.

 태양계

태양계는 태양을 중심으로 돌고 있는 행성들과 소행성 그리고 행성을 돌고 있는 수많은 달들로 구성되어 있다. 제일 가까이에 수성이 있고, 그 다음에 금성이 있다. 세 번째로 돌고 있는 것이 우리가 사는 지구이다. 그리고 지구 밖에서 돌고 있는 행성이 화성이다. 화성 다음에는 행성이 폭발하면서 만들어진 소행성대가 있고, 그 다음에 태양계에서 가장 덩치가 큰 목성이 있다. 목성 다음에는 멋있는 띠를 두른 토성이 있고, 그 다음에는 천왕성과 해왕성이 있다. 제일 끝에 명왕성이 있었는데, 최근 국제천문학회에서 크기가 너무 작다는 이유로 태양계 행성에서 제외시켜 버렸다.

태양계의 행성은 표면이 암석으로 이루어진 지구형 행성과 가스층으로 덮인 목성형 행성으로 크게 나눌 수 있다. 지구형 행성으로는 수성, 금성, 지구, 화성이 있다. 물론 소행성들도 암석으로 되어 있다. 목성형 행성으로는 목성, 토성, 천왕성, 해왕성이 있다. 반면에 최근 태양계 행성에서 퇴출된 명왕성은 얼음으로 덮여 있는 것으로 관측되었다.

태양계에는 행성 이외에 행성을 돌고 있는 달들이 있다. 지구에는 1개의 달이 있고, 화성에는 2개의 달이 있다. 또 목성에는 현재까지 발견된 것만 63개이고, 토성에도 48개가 있다. 그리고 천왕성과 해왕성에 40여 개의 달이 있는 것으로 관측되고 있지만, 새로운 달들이 계속 발견되고 있으므로 앞으로도 그 수가 계속 늘어날 것 같다.

소행성대는 행성도 아니고 달도 아니지만 화성과 목성 사이에 4,000개 정도의 소행성이 무리를 이루어 태양을 돌고 있다. 그리고 태양계를 긴 타원 궤도로 돌고 있는 혜성도 몇 개 있다. 소행성과 혜성 중 지구 근처를 가깝게 지나가는 것들이 있는데 '딥 임팩트(Deep Impact)'나 '아마겟돈(Armageddon)'이라는 영화에서 보여 주었듯이 지구에 위협이 되기도 한다. 특히 소행성 중에는 지구에 귀중한 자원을 공급해 줄 수 있는 것들이 있기 때문에 앞으로는 화성 다음으로 우주 탐험의 중요한 목표가 될 것이다.

빛의 덩어리인 태양

태양계의 대장은 태양이다. 크기는 지름이 139만 km로 지구보다 109배 정도 크고, 무게는 지구보다 무려 33만 2,900배나 무겁다. 태양은 수소가 92.1%, 헬륨이 7.8%로 구성되어 있으며, 25.38일에 한 번씩 자전을 하고 있다. 표면 온도는 5,500℃이며, 내부 온도는 1,500만 ℃의 초

고온인 것으로 추정되고 있다. 또 나이는 46억 살 정도 되었다.

태양계에서도 아무나 대장이 될 수 있는 것은 아니다. 우선 대장이 되려면 많은 에너지를 가지고 있어야 한다. 태양에서는 계속해서 수소들의 핵융합이 일어나고 있다. 즉, 수소폭탄이 계속해서 폭발하면서 엄청난 빛과 에너지를 밖으로 내보내고 있는 것이다. 태양에서 만들어지는 에너지는 빛으로서 태양계의 주변으로 전달된다. 돋보기로 햇빛을 모아서 종이에 비추면 타는 것도 바로 태양에서 나오는 빛이 에너지를 가지고 있기 때문이다. 만일 태양에서 만들어지는 에너지의 100분의 1만 감소되어도 지구의 평균 기온이 수십 도나 내려가는 제2의 빙하기가 되어 지구의 생명체들에게는 큰 재앙이 될 수도 있을 것이다.

태양에서는 에너지만 방출되는 것이 아니라 생명체에 아주 위험한 우주방사선도 많이 나오고 있다. 특히 태양에서는 11년을 주기로 흑점이 많아지며, 그 근처에서 태양 플레어라는 대폭발이 일어나는데, 이때 수소폭탄 100만 개가 동시에 폭발할 때 만들어지는 엄청난 양의 에너지를 분출한다.

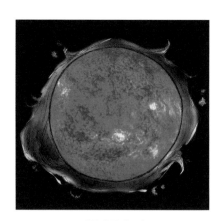

태양의 근접 모습

뿐만 아니라 엄청난 양의 X-선과 자외선이 복사된다. 이것은 지구 주위를 비행하는 유인 우주선이나 우주정거장의 우주인 그리고 인공위성의 수명을 줄이고, 국제 통신에 많은 지장을 준다.

태양에서 방출되는 것 중에 양성자와 전자, 헬륨 원자핵이 섞인 플라스마 상태로 초속 500km의 속도로 해왕성 밖으로까지 날아가는 태양풍도 있다. 태양풍은 지구 근처에 초속 350km로 접근하여 지구 자기장에 의해 밴 앨런 복사대 등에 흡수되어 지표면까지 내

려오지는 못하지만, 큰 플레어가 발생하면 지표면까지도 내려온다. 따라서 비행기 운행과 동식물에도 영향을 줄 것으로 추측하고 있다.

이렇듯 태양이 지구의 생명체에 미치는 영향이 무척 크므로 이를 좀 더 과학적으로 연구하기 위해 미국은 2006년 10월 25일에 무게 620kg의 쌍둥이 우주선 스테레오 A와 B를 발사했다. 스테레오 A와 B 우주선은 지구의 앞과 뒤에서 태양을 함께 돌면서 입체적으로 관측하여 태양폭발이 지구에 미치는 영향을 종합적으로 연구해 우주 기상예보에 활용할 것이다. 또 일본도 2006년 9월 23일에 무게 900kg의 태양 관측 위성 '솔라 B'를 발사해 태양의 자기장을 연구할 계획이다.

생명체의 천국인 지구

지구의 구조

인류의 낙원, 생명체의 낙원인 지구는 직경이 1만 2,756km이고, 태양에서 1억 4,960만 km 떨어져 있으며, 초속 29.79km의 속도로 365.256일에 한 번씩 공전하고, 23.9345시간에 한 번씩 자전한다. 질

아름다운 지구의 모습

량은 5.9742×10^{24}kg이며, 전체의 밀도는 5.515g/cm³이다. 내부 구조는 가운데에서부터 내핵, 외핵, 맨틀, 지각으로 구성되어 있고, 지구의 겉 표면인 지각은 두께가 5~70km이다. 또 바다의 아랫부분은 얇고, 높은 산맥의 아랫부분은 두껍다.

지각의 아래 2,885km까지는 암석으로 된 맨틀이 있다. 그리고 온도가 4,000℃ 정도 되고, 철이 녹아서 대류하고 있는 외핵이 5,144km까지 있다. 그리고 외핵 속에는 고압 상태의 철이 있다. 외핵이 내핵

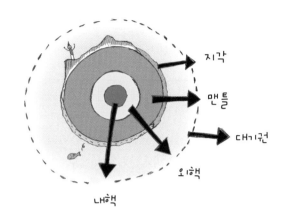

밖을 대류하면서 지구에 지자기가 형성되고 있다. 지각 위에는 바다가 있고, 100km 높이까지 대기권이 형성되어 있다. 지구는 태양계 내에서 생명체가 살고 있는 유일한 행성으로서 온도는 최고 58℃, 최저 −88℃이고, 연 평균 기온은 15℃이다. 이는 생명체가 살기에 아주 좋은 온도이다. 또 지구에는 하나의 달이 있다.

생명체의 생존 조건

물과 산소 그리고 온도

지구에는 생명체의 생명 유지에 꼭 필요한 물과 산소가 포함된 공기가 있다. 지구에서 가깝고 크기도 비슷한 금성에는 육지는 있지만 산소가 포함된 공기와 물이 없다. 그리고 화성에서는 아직까지도 물을 찾지 못했다. 물은 소금물로 바다에 저장되어 있다가 바다나 육지에서 증발되어 대기권으로 올라가 구름이 되어 떠다니다가 비가 되어 다시 육지나 바다에 내린다. 또 물은 바다에서 시작되어 대기와 육지를 돌아다니

다가 다시 바다로 들어가는 순환 시스템을 이용해 그 양을 보존하며, 생명체를 보존시키는 것이다. 생명체의 구성 성분 중 수분이 70% 이상이기 때문에 물 없이 생명의 유지는 불가능하다.

생명체의 생명 유지에 꼭 필요한 산소가 포함된 공기는 지구의 중력에 의해 지표면 근처에 모여 있다. 공기는 생명체에 산소도 공급하지만 물과 함께 태양에서 오는 열을 보존하고 잘 전달해 주는 역할도 한다. 태양에서 지구에 도착하는 태양 복사에너지 중 30%는 구름이나 공기, 지면에서 다시 반사되어 우주로 날아가고, 지구에서 흡수하는 70% 중 20%는 대기로 흡수되며, 50%는 땅과 바다로 흡수된다. 땅과 바다에 흡수된 에너지 중 대부분이 다시 방출되는데, 이 중 긴 파장의 빛은 다시 대기 중의 탄산가스 등에 흡수되어 대기의 온도를 상승시킨다.

이렇게 복잡한 과정을 통해서 지구의 연 평균 기온이 15℃로 유지되어 인간과 생명체가 활동할 수 있는 것이다. 지구에서도 사막같이 하루의 온도 차이가 큰 곳은 최대 60℃ 정도이지만 보통은 10℃ 미만이다. 공기가 없다면 하루의 온도 차이가 100℃ 이상이 되어 생명체가 살 수

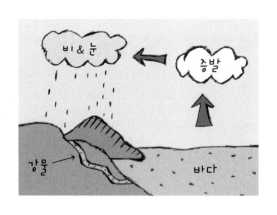

없게 될 것이다. 바닷물의 하루 온도 차이는 5~6℃ 정도이다. 육지의 온도도 지하 20~200m에서는 1년 내내 15~20℃를 유지하고 있다.

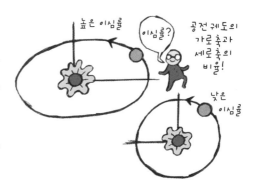

지구가 이렇게 이상적인 온도를 유지하는 데는 태양과의 거리가 1년 내내 많이 변하지 않는 것도 큰 원인 중의 하나이다.

지구는 1월 초에 태양과의 거리가 가장 가까워져서 1억 4,700만 km가 되고, 7월 초에는 가장 멀어져서 1억 5,200만 km가 된다. 이 비율을 이심률이라고 하는데 지구는 0.0167이고, 화성은 0.0934, 수성은 0.206, 금성은 0.006, 목성은 0.48이다. 이 값이 작을수록 태양과의 거리가 일정한 것인데, 금성을 제외하고는 모두 지구보다 크다.

지구의 이심률이 작아 태양에서 거의 일정한 열과 에너지를 받는 것도 지구에 생명체가 잘 살 수 있는 좋은 조건 중 하나이다. 또 바다와 육지의 온도 차이에 의해 계절풍이 발생되어 대기를 서로 이동시키는 것도 지구의 온도 조절과 많은 지역에 비를 내리게 하는 등 생명체의 생명 유지에 많은 도움이 되는 것이다. 지구는 이와 같이 태양에서 받는 에너지와 바다, 대기권 그리고 지구의 핵에서 나오는 열들이 잘 조화를 이루어 생명체가 살기에 쾌적한 온도가 만들어지고 유지되는 것이다.

대기권

지구의 표면은 대기로 둘러싸여 있다. 대기는 위로 올라갈수록 희박해지며, 우주로 연결된다. 지구의 대기권과 우주의 경계선은 어디인가?

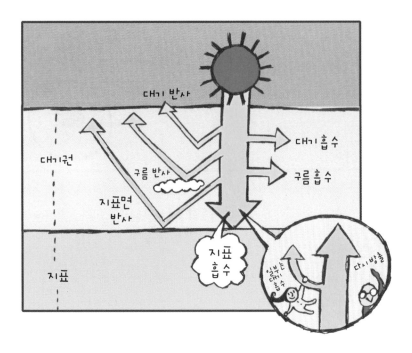

지상 100km 이상부터가 우주이다. 즉, 지구의 해면에서부터 100km까지는 지구인 셈이다.

지구 대기의 구성 성분은 질소가 77%, 산소가 21%, 물이 1%이며, 이산화탄소와 헬륨도 포함되어 있다. 대기권은 지면에서부터 대류권, 성층권, 중간권, 열권으로 나누어진다. 대류권은 지표에서부터 약 12km의 높이까지인데 비나 눈, 바람 등 모든 기상 현상이 여기에서 일어난다.

대류권의 제일 윗부분에는 제트기류가 흐른다. 제트기류는 지상 10~11km 높이에서 동쪽으로 흐른다. 속도는 여름철에는 평균 시속 55km 정도이며, 겨울철에는 120km 정도이다. 지나가는 위치는 위도에 따라 달라지는데 겨울에는 북위 30° 정도이며, 여름에는 북위 45° 정도이다. 우리나라에서 미국으로 여객기를 타고 여행할 때 보통

10km 높이에서 이 제트기류를 타고 비행을 한다. 그러면 비행시간도 2~3시간 빨리 갈 수 있다. 반대로 미국에서 한국으로 올 때는 이 제트 기류를 피해서 북쪽으로 많이 올라가서 오게 된다. 국제선 비행기는 보통 10~11km의 높이에서 비행을 하는데, 밖의 온도는 −50℃에서 −60℃ 정도로 무척 춥다. 대류권에서는 1km를 올라갈 때마다 보통 6.5℃씩 온도가 떨어진다.

성층권은 고도 12km에서 50km까지이다. 이곳은 위로 올라갈수록 기온이 올라가서 0℃ 정도이다. 아랫부분에는 −50℃에서 −60℃로 찬 공기가, 윗부분에는 0℃의 더운 공기가 있어서 아주 안정적이며 기류의 흐름이 없는 곳이다. 특히 성층권의 24~32km 지점에 오존(O_3)층이 있는데, 태양에서 날아오는 강력한 자외선을 여기에서 흡수한다. 오존층이 없었다면 강력한 자외선 때문에 생명체가 지상에 살 수 없었을 것이다. 그러므로 지구의 성층권에 오존층이 있는 것도 지구에 생명체가 잘 살 수 있는 조건이다.

중간권은 고도 50~80km까지이며, 위로 올라갈수록 온도는 계속 떨어져 −90℃까지 떨어진다. 이곳은 수증기가 거의 없어 기상 현상은 없다. 그리고 고도 80km부터 100km까지가 열권이다. 이곳은 대기의 밀도가 매우 작아 낮과 밤의 온도 차가 매우 크다. 이렇게 대기권도 지구의 생명체를 보호할 수 있는 다양한 구조로 되어 있다.

인간의 체온은 36.5℃이다. 체온이 30℃ 이하로 떨어진다든지 43℃ 이상이 되면 생명이 위험하다. 이렇듯 생명체가 생존할 수 있는 조건은 아주 까다롭고 지극히 제한되어 있다. 따라서 지구의 환경은 이렇게 제한적이고 까다로운 인간이나 생명체가 생명을 유지할 수 있는 조건을 알맞게 맞춰 주고 유지해 주는 곳이라는 생각이 든다.

자기장

지구에 생명체가 살 수 있게 해 주는 것에는 자기장의 효과도 있다. 금성과 화성에는 자기장이 거의 없는데 지구에는 내부의 외핵이 대류하기 때문에 강력한 자기장이 형성되며, 자기력선이 발생하고 있다. 이 자기력선은 지구의 북쪽에서 나와서 남쪽으로 들어간다. 이 자기력선이 지구 주변으로 날아오는 태양의 고에너지 입자를 지구 표면으로 내려오지 못하게 묶어 두거나 지구 주변을 비껴 지나가게 하는 역할을 한다.

이렇게 태양에서 날아온 고에너지 입자가 지구의 자기력선에 포착되어 지구 주변에 모여 있는 것이 밴 앨런 복사대(Van Allen radiation belt)이다. 이 복사대에는 지구의 적도 상공을 중심으로 도넛 형태의 2개의 띠가 있는데, 내부 띠는 지구 상공 2,000km에서 4,000km 상공에 있고, 외부 띠는 지구 표면 1만 3,000km에서 2만 km 사이에 형성되어

있다. 지구에서 우주로 우주 여행을 하려면 이 밴 앨런 복사대를 통과해야 하기 때문에 큰 위협이 되기도 하지만, 지구에서 살아가는 생명체에게는 무척 고마운 존재이다.

자기장은 새와 조류에게 이동 방향을 알려 준다. 마치 사람들이 여행을 할 때 나침반으로 방향을 알 수 있게 해 주는 것과 마찬가지이다. 자기장이 없다면 철새의 이동은 어려울 것이다.

사계절

지구의 자전축은 23.5°로 기울어져 있어서 적도 지방을 제외한 곳에서는 사계절이 있는 것도 지구 상에 생명체가 살 수 있게 하는 훌륭한 점이다. 만일 자전축이 23.5°로 기울어져 있지 않다고 가정하면 적도 지방은 계속 태양열을 많이 받아 지금보다 훨씬 더 뜨거웠을 것이고, 북극 지방은 태양열을 적게 받아 더욱더 추웠을 것이다.

지구를 여행해 보면 양 극지방을 제외하고는 거의 모든 지역에 사람이 살고 있는데, 이렇게 넓은 지역에 사람들이 살 수 있는 것도 지구의

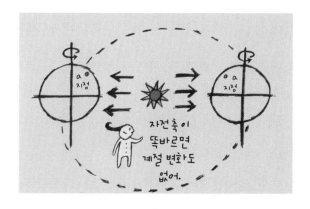

자전축이 기울어져 있어서 적당한 온도가 유지되기 때문이다. 모든 생명체는 정기적인 휴식 기간이 필요하다. 겨울은 생명체가 대체적으로 휴식을 갖는 시간이다. 많은 식물들은 가을부터 나뭇잎을 떨어뜨리고 겨울에 휴식을 취한다. 뿐만 아니라 많은 동물들도 이때 휴식을 취한다. 또 겨울에는 낮이 짧아지고 밤이 길어지므로 인류도 다른 계절보다 많이 자며 많이 쉰다. 이렇듯 지구에 사계절이 있는 것도 모든 지구 상의 생명체가 정기적인 휴식 시간을 갖기 위한 조화인 것이다.

이와 같이 지구는 태양계 내에서 생명체가 살아갈 수 있는 최적의 조건이 갖추어진 유일한 행성이다. 이러한 여러 조건 중 하나만 문제가 생겨도 생명체의 생존이 큰 위협을 받게 된다. 따라서 우주개발과 우주탐사는 인간에게 제일 소중한 지구의 생존 환경을 잘 유지하고 보존하기 위한 방법을 연구하기 위해 진행되는 것이 가장 큰 목적 중 하나이다. 지구 궤도에서 인공위성이 되기 위해서는 초속 7.9km의 속도가 필요하며, 지구를 벗어나 다른 행성으로 가기 위해서는 초속 11.18km가 필요하다.

희귀 자원이 있는 달

달은 지구에 하나밖에 없는 자연 위성이다. 지구로부터 평균 384,401km 떨어져서 시속 3,682.8km의 속도로 30일에 한 번씩 지구를 돌고 있고, 직경은 3,476km이다. 또 달은 태양계에 있는 여러 행성의 달 중에서 다섯 번째로 큰 위성이다. 밀도는 지구보다 작은 3.341g/cm³이다. 달에는 대기가 없어서 온도 차이가 큰데 최고 온도가

123℃, 최저 온도는
−233℃이다.

달은 지구의 주위
를 돌면서 중력에 작
용해 바닷물을 끌어
당기면서 생기는 조석의 차이로 지구의 자전을 조정하는 역할을 해 왔
다. 지구가 탄생했을 때의 자전주기를 지금은 예측하기 어렵다. 그러나
지구보다 태양에 가까이 있으며 달이 없는 수성은 자전주기가 공전주
기의 3분의 2인 59일이고, 금성은 자전주기가 공전주기보다 더 큰 243
일이다. 아마 지구에 달이 없었다면 수성이나 금성처럼 지구의 자전주
기도 지금의 24시간보다 훨씬 더 큰 수십 일이나 100일 이상이 되었을
지도 모른다.

지구는 태양 및 달과의 상호 작용에 의해서 자전주기가 24시간이 되
었다. 지구 상의 생명체가 건강하게 생존하는 데는 알맞은 활동 시간과
재충전할 수 있는 적당한 휴식 시간의 조화가 필요한데, 지금의 24시간
자전주기가 바로 지구의 생명체들에게 알맞은 밤과 낮의 시간을 만들
어 주고 있는 것이다.

달은 밤하늘에 떠서 길을 밝혀 주고 조수의 차이를 생기게 해 어업을
도와주며 자연스러운 달력 역할을 해 세월의 흐름을 알려 주지만, 그보
다도 더 중요한 것은 지구 상의 생명체들이 충분한 휴식을 취할 수 있
게 자전주기를 조절해 준다. 뿐만 아니라 앞으로 지구에 필요한 전기
자원이나 지하자원을 공급하는 기지로도 활용될 것이다. 미국의 아폴

로 달 탐험 프로그램을 통해 1969~1972년까지 12명의 우주인이 달에
착륙해 활동했으며, 미국과 구소련은 모두 382kg의 달 암석과 흙을 지
구로 가져왔다. 달의 흙을 분석해 보니 산소 40%, 실리콘 20%, 철 12%,
칼슘 8.5%, 알루미늄 7.3%, 마그네슘 4.8%, 티타늄 4.5% 등으로 구성
되어 있으며 헬륨 4가 28ppm, 헬륨 3이 0.01ppm 포함되어 있는 것으
로 밝혀졌다. 특히 헬륨 3은 아주 귀한 핵융합 자원으로서 지구에는 거
의 없는 것으로 알려졌다.

　미국과 러시아 그리고 중국은 2020년까지 달에 영구 연구 기지를 건
설해서 티타늄 같은 각종 희귀 자원과 미래의 에너지 자원인 헬륨 3을
지구로 가져오는 등 본격적인 달 탐사 계획을 세우고 있다. 그런데 달
을 벗어나는 데는 초속 2.38km이면 되는데, 지구 탈출 속도보다 1/6일
정도이기 때문에 지구에서 달에 가는 것보다는 달에서 지구로 오는 것
이 훨씬 적은 로켓이 소모된다.

대기가 없어 뜨거운 수성

태양에서 가장 가까운 행성은 수성이다. 수성의 지름은 4,878km로 지구의 2.6분의 1이며, 질량은 지구의 0.054배이고, 밀도는 지구와 비슷한 5.427g/cm³이다. 태양에서 가까워질 때의 거리는 4,600만 km, 멀어질 때는 7,000만 km로서 88일에 한 번씩 태양을 돈다. 자전도 58일에 한 번씩 하므로 하루의 길이는 지구의 58배나 길다.

수성의 표면 온도는 한낮에는 427℃로 올라갔다가 한밤중에는 −173℃까지 내려간다. 이렇게 온도 차가 큰 이유는 대기가 없기 때문이다. 또 수성에는 달도 없다. 태양에 아주 가까이 있기 때문에 수성은 늘 태양의 눈부신 빛 속에 있는데, 지구에서는 새벽에 동쪽 하늘에서 그리고 초저녁에 서쪽 하늘에서 잠깐씩 관측할 수 있다.

태양계의 행성들(태양에서 가까운 쪽부터 수성, 금성, 지구, 화성, 목성, 토성, 천황성, 해왕성이다.)

　1973년 11월에 발사된 미국의 행성 탐사선 매리나 10호가 1974년 3월과 9월 그리고 1975년 3월 등 세 번에 걸쳐 처음으로 수성을 지나가면서 사진을 찍고 관측했다. 관측 결과 수성에도 약한 자기장이 있으며, 다른 행성이나 달처럼 많은 분화구와 운석 구덩이로 덮여 있었다.

대기가 있어서 더 뜨거운 금성

　금성과 지구는 크기, 질량, 구성 성분과 태양에서 떨어진 거리 등이 가장 비슷한 행성이다. 직경은 지구의 0.95배인 1만 2,104km이며, 질량은 지구의 0.815배, 밀도는 5.24g/cm³이다. 금성은 태양에서 1억 820만 km 떨어져서 초속 35km의 속도로 224일에 한 번씩 돌고 있으며, 하루는 243일이다.

금성에도 지구처럼 구름은 있지만 바다는 없다. 특이한 것은 수성보다도 태양에서 멀리 떨어져 있지만 표면 온도는 462℃로 수성보다 높다. 이렇게 대기 온도가 높은

금성에서는 해가 서쪽에서 뜬다고!

레이저로 촬영한 금성의 모습

것은 화산 활동 때문에 만들어진 구름층으로 뒤덮여 있어서 이 구름층이 비닐하우스 역할을 해 온도를 높여 주기 때문이다. 96%의 탄산가스와 3.5%의 질소로 구성된 구름층은 45~65km의 높이인데, 4일에 한 번씩 빠른 속도로 금성을 회전하고 있다. 그래서 외부에서는 금성의 표면을 들여다볼 수가 없다.

금성은 지구에 가장 가깝고 구름으로 덮여 있는 등 지구와 비슷하게 보여 생명체가 있을 것으로 예상되므로 우주개발 초기에 미국과 구소련의 주요 우주 탐험 대상이 되었다.

첫 탐험은 1962년에 발사된 미국의 매리나 2호가 스쳐 지나가며 관측한 것이다. 1970년에는 구소련의 탐사선 베네라 7호가 표면에 처음으로 연착륙해 관측을 하기도 했다. 그러나 관측 결과 대기의 90%가 탄산가스이며, 대기의 온도도 무척 높고, 대기압은 지구보다 90배나 높아서 생명체가 살기에는 어려운 환경으로 밝혀졌다.

구소련은 금성 탐험에 많은 노력을 기울였는데, 1982년에 베네라 13호를 착륙시켜 처음 표면 사진을 찍는 데 성공했다. 또 1989년 5월에

발사된 미국의 마젤란 탐사선은 3시간마다 금성을 한 바퀴씩 돌면서 레이더로 사진을 찍어 금성 지도를 만드는 데 성공했다.

이러한 탐험들을 통해 알게 된 사실에 따르면 금성 표면에는 거대한 화산이 많이 있는데, 직경이 20km 이상인 것이 400개 이상이다. 금성에서 제일 큰 미드(mead) 크레이터는 직경이 280km이며, 두 번째로 큰 크레이터는 이사벨라인데 직경은 175km이다.

인류가 활동할 수 있는 지구 이외의 행성인, 미래의 보물 창고 화성

화성은 우리가 우주선을 타고 가서 착륙할 수 있는 태양계의 행성 중에서 지구와 가장 비슷한 행성이다. 인류가 우주선을 타고 여행을 하려면 우선 지구처럼 암석으로 만들어진 행성이나 달에 가야 한다. 태양계 속에 암석으로 된 행성이나 달은 수성, 금성, 지구, 화성 그리고 소행성

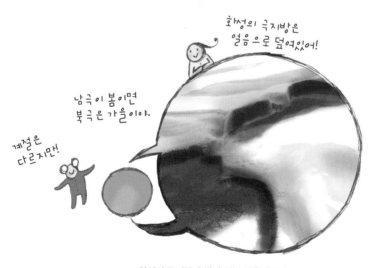

화성의 극지방에 쌓여 있는 얼음의 모습

3년이 넘게 화성을 탐사하고 있는
미국의 무인 로버 스피릿의 모습

대의 소행성 등이며, 달은 지구의 달과 화성의 2개뿐이다. 그러나 수성과 금성은 너무 뜨거워서 인류가 착륙할 수 없다. 그나마 착륙할 수 있는 것이 화성과 큰 소행성 정도인 것이다.

이 중 화성은 지구에서 비교적 가까이에 있고, 제한적이나마 대기가 있으며, 양극 근처에는 얼음도 있는 것이 밝혀져 인류가 탐험할 수 있는 좋은 행성이다. 그러므로 이미 무인 탐사선을 보내 탐사를 많이 진행하고 있는 것으로 잘 알려져 있다.

태양에서 화성까지의 거리는 지구에서 태양까지의 거리의 1.5배인 2억 2,794만 km이다. 태양에서 지구보다 멀리 떨어져 있기 때문에 태양을 한 바퀴 도는 데 걸리는 시간은 687일이다. 지름은 6,794km로 지구 지름의 절반 정도이며, 밀도는 3.94g/cm³이다.

화성은 지구와 많이 닮았다. 화성의 하루는 24시간 37분(지구는 23시간 56분)이고, 자전축은 25°(지구는 23.5°) 기울어져 있다. 사계절이 있는 것도, 양극이 얼음이나 드라이아이스로 덮여 있는 것도 지구와 비슷하다. 그런데 태양에서 멀리 떨어져 있어서 여름철의 최고 기온은 −5℃이며, 겨울철에는 −87℃까지 내려간다. 최근에 미국의 무인 로버 스피릿이 측정한 결과에 따르면 화성의 여름 한낮의 표면 온도가 최고 5℃, 최저 −15℃인 때도 있었다. 대기의 주성분은 이산화탄소와 질소 그리

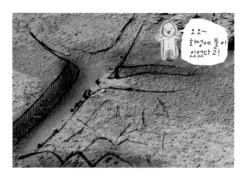

미국의 무인 로버 오퍼튜니티가 촬영한 화성의 블루베리

고 아르곤이다.

화성에는 포보스와 데이모스라는 2개의 달이 있다. 포보스는 13.4×11.2×9.2km의 크기인데 화성에서 9,378km 떨어져서 7시간 30분에 한 번씩 돌고 있으며, 데이모스는 7.5×6.1×5.5km의 크기이며 화성에서 2만 3,459km 떨어져서 30시간 30분에 한 번씩 돌고 있다.

지구와 화성은 각각 태양을 돌기 때문에 지구에서 화성까지의 거리는 일정하지 않다. 지구와의 거리가 가까울 때는 5,452만 km, 가장 멀 때는 1억 207만 km이다. 화성 탐사는 이러한 가변적인 화성과의 거리를 잘 활용해 이루어진다. 화성과 지구는 보통 780일 만에 한 번씩 가장 가까워지는데, 이때에 맞춰 화성 탐사선을 보내는 것이다.

인류의 행성 탐사에서 가장 중요한 목표는 지구 이외의 행성에서 생명체나 생명체가 존재했었던 근거를 찾아내는 것이다. 더불어 지구의 미래에 대한 예측이다. 현재까지 각종 무인 탐사선을 통해 얻어진 결론은 과거 화성에 물이 존재했었고, 생명체가 있었을 가능성이 가장 크다는 것이다. 그래서 화성에 대한 각종 무인 탐사가 행성 중에서는 가장 많이 이루어지고 있으며, 2030년쯤에는 미국을 중심으로 국제 공동 유인 탐사도 계획되고 있다. 현재에도 스피릿과 오퍼튜니티 무인 탐사선이 3년이 넘게 활동하고 있다.

말썽꾸러기 행성인 소행성

소행성대는 주로 화성과 목성 사이에 있는 태양계 형성 직후에 만들어진, 직경 수 km 이내의 암석으로 만들어진 소행성들로 구성되어 있다. 2006년 11월 초 현재 세계천문연맹 산하 국제소행성센터에 정식으로 등록된 소행성 수는 모두 13만 6,563개이다. 이 중 궤도까지 정확히 확인된 것은 6만 개 정도이고, 나머지는 계속 비행 궤도를 확인 중에 있다.

미 항공우주국은 지구와 충돌했을 때 피해가 아주 큰, 직경 1km 이상의 소행성 중 90%를 2008년까지 추적하는 것을 목표로 현재 조사·연구 중이다. 소행성 중 가장 큰 것은 세레스로, 직경이 950km이다. 두 번째로 큰 것은 직경 560km의 팔라스이며, 그 다음은 베스타(직경 200km), 주노(직경 80km) 등이고, 그 외에 대부분은 1km 이하이다. 소행성 중에는 에로스(7×19×30km)처럼 쭈그러진 타원형도 있다. 소행성 중에서 지구에 위협이 되는 것은 지구 접근천체(NEO)로 분류된 소행성들인데, 약 2,000개 정도이다.

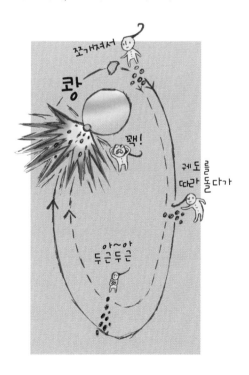

소행성은 화성과 목성 사이에 있던 행성이 파괴되어 생성되었다는 설과 태양계가 탄생될 때 만들어져 태양 주위를 돌다가

목성에 이끌려 현재의 궤도에 정착했다는 설 등이 있다. 목성이나 토성 등 큰 외행성들은 인력이 크기 때문에 우주에서 태양 쪽으로 비행하는 소행성이나 혜성 등을 끌어들여서 위성으로 만들거나 소행성대에서 돌게 해 지구와 충돌할 확률을 줄여 줄 가능성도 크다.

지구 접근 천체 중에는 소행성뿐만 아니라 혜성들도 있다. 1993년 3월 24일에 미국의 슈메이커와 레비가 공동으로 발견한 혜성은 1994년 7월 16~22일 사이에 목성의 강력한 인력에 의해 여러 개로 쪼개지면서 초속 60km의 초고속으로 목성과 충돌하며 소멸되었다. 이 혜성의 목성과의 충돌 장면과 그 직후의 모습은 전 세계의 천문대에서 관측되었고, 곧바로 언론을 통해 공개되었는데, 이 충돌로 목성의 대기 상층부에 커다란 화염과 함께 거대한 충돌 흔적을 남겨 사람들을 놀라게 했다. 영화 '아마겟돈'과 '딥 임팩트'는 바로 슈메이커–레비 혜성의 목성 충돌에서 영향을 받아 만들어진 영화이다.

아직까지 지구와 충돌 가능성이 있는 소행성이 발견되지는 못했지만, 만일 직경 10km짜리 소행성이 바다에 충돌한다면 높이 4km의 해일이 발생할 것이며, 육지에 떨어진다면 400m짜리 해일이 발생해 엄청난 피해를 입힐 수 있을 것이고, 직경 1km짜리 소행성이 육지와 충돌하게 되면 직경 25km짜리의 웅덩이가 생길 정도로 충격이 클 것이며, 직경 500m짜리 소행성이 초속 10~20km의 속도로 지구의 바다에 충돌한다면 높이 200m의 해일이 발생할 것으로 과학자들은 분석하고 있다.

필자는 2006년 12월 11일에 애리조나 주 베어링에 있는 직경 1.2km, 깊이 200m의 운석 크레이터(meteor crater)를 방문했었다. 과학자들은 이

크레이터가 5만 년 전에 직경 50m에 무게 20만 톤짜리 소행성이 떨어져서 생긴 것으로 예측하고 있다. 실제로 운석에 의해 만들어진 큰 크레이터에 가 보니 그 굉장한 규모를 통해 큰 운석이 지구와 충돌할 때의 엄청난 피해가 상상이 되었고, 마치 크레이터가 많은 달에 간 기분이었다.

미 항공우주국은 영화 제목과 같은 '딥 임팩트'라는 혜성 충돌 탐사선을 '템펠 1' 혜성에 충돌시키기 위해 2005년 1월 13일에 케이프커내버럴에서 발사했다.

이 우주선은 모선과 충돌체로 구성되어 있었는데 모선은 길이 3.3m, 폭 1.7m, 높이 2.3m, 무게 601kg이었으며, 충돌체는 길이 1m, 직경 1m, 무게 372kg이었다. 172일 11시간 5분에 걸쳐 4억 3,100만 km를 달려간 딥 임팩트호는 2005년 7월 3일에 구리와 알루미늄을 섞어 만든 충돌체를 모선에서 분리시켜 시속 3만 7,000km의 속도로 80만 km를 날아가 폭 4.8km, 길이 14.5km인 템펠 1 혜성에 7월 4일 오후 3시 7분 명중되었다. 이 충돌 장면을 혜성에서 8,000km 떨어져 있던 모선이 촬영해 지구로 보냈다.

딥 임팩트호의 모선은 혜성에서 500km 떨어진 지점에서 충돌 때 생

현재 지구 상에 남아 있는 가장 완벽한 모습의 운석 크레이터. 직경이 2km, 깊이가 200m이다.

기는 분화구에서 분출되는 물질과 분화구의 구조 및 구성 등을 고성능 광학 카메라와 분광계를 통해 분석할 계획이다. 이 프로그램에는 발사 비용을 제외하고 약 3억 1,100만 달러(약 3,577억 원)가 투입되었다. 인공 물체를 우주에서 혜성에 충돌시킨 것은 인류 역사상 이번이 처음이었으며, 장차 지구에 충돌할 수 있는 혜성이나 소행성의 진로를 바꾸는 연구에 큰 진전을 이룩했다.

이에 앞서 미 항공우주국은 1999년 2월 7일에 무게 385kg의 혜성 탐사선 '스타더스트(Stardust)'를 '빌트 2' 혜성으로 발사했는데, 스타더스트호는 2004년 1월 2일에 혜성에 접근해 핵을 촬영하고 성분을 채취한 뒤 다시 지구로 돌아와 2006년 1월 15일 유타 지역에 샘플 캡슐을 낙하시켰다.

미국은 혜성뿐만 아니라 소행성에도 탐사선을 착륙시켰다. 1996년 2월 17일에 발사된 무게 805kg의 니어(NEAR)-슈메이커 소행성 탐사선은 1997년 6월 27일 '253 마틸다' 소행성에 1,200km까지 접근했고, 2001년 2월 10일에는 '433 에로스' 소행성에 성공적으로 착륙했다. 탐사선이 소행성에 착륙한 것은 니어-슈메이커호가 처음이다.

가장 큰 행성인 목성

목성은 태양을 회전하고 있는 행성 중 제일 큰 별이다. 하지만 그 큰 행성은 수수께끼에 싸여 있다. 목성의 지름은 14만 2,984km로서 두터운 구름에 둘러싸여 있는 가스형 행성이다. 목성의 지름은 지구보다 11배나 되며, 63개의 달을 갖고 있다(2006년 11월 현재). 또 태양에서 7억 7,841

만 km 떨어져 있어서 11.8
년마다 한 번씩 태양을 돈다.
그러나 자전 속도는 무척 빨
라 9시간 55분마다 한 번씩
자전한다. 그리고 남위 20°
근처에 지름이 4만 km나 되
는 정체불명의 타원형의 거
대한 붉은 반점이 있다. 온도
는 −148℃이고, 76%의 수
소와 22%의 헬륨으로 구성

목성은 빨리 자전해. 그래서 하루도 짧아!

하지만 공전주기가 길잖아. 목성의 1년은 지구의 11.8년 이라고!

목성의 모습

되어 있어서 태양과 비슷한 성분이며, 표면은 액체 수소의 바다로, 그리
고 중심부는 초고압에 의해 고체 수소의 핵이 있을 것으로 추측된다.

대기는 수소, 메탄, 암모니아, 이산화탄소로 구성되어 있을 것으로
추정된다. 그동안 목성을 탐사한 우주선은 1972년에 발사된 파이어니
어 10, 11호와 1977년에 발사된 보이저 1, 2호 그리고 1989년에 발사된
갈릴레오호 등이다. 가장 먼저 탐사한 우주선은 파이어니어 10호였다.
이 우주선은 목성과 조우하기 위해 10억 km의 거리를 22개월 동안 날
아갔다.

그리고 드디어 1973년 12월 4일에 목성에서 13만 300km 떨어진 곳
을 시속 13만 km로 통과하면서 목성의 대기 성분 및 온도, 목성 주위의
강력한 방사능대와 타원형의 대적반 등을 관측했다. 관측 결과 목성은
표면에서부터 3,000km 깊이의 층도 온도가 5,500℃나 되는 뜨거운 행

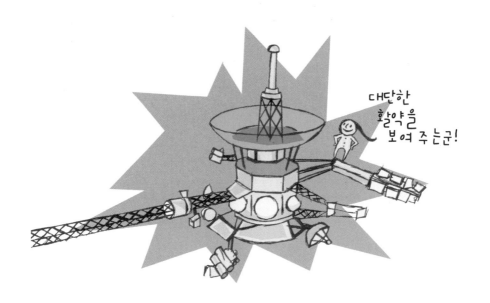

대단한 활약을 보여주는군!

성이었다. 또 이 지점의 압력은 9만 기압이나 되었다.

　무게 2,223kg인 갈릴레오 목성 탐사선은 무거웠으므로 지구에서 목성으로 직접 발사할 수가 없어서 금성과 지구의 인력을 이용해 1989년 10월에 우주왕복선으로 발사되었다. 그리하여 갈릴레오호는 1990년 2월에 금성을 지나 1990년 12월에 지구 근처로 되돌아온 후 지구의 인력을 이용해 속도를 가속시킨 다음 소행성대를 지나 5년 후인 1995년 12월에 초속 47.6km의 속도로 목성의 궤도에 진입했다.

　갈릴레오호의 주된 임무는 목성의 대기와 위성을 탐사하는 것이었다. 따라서 갈릴레오호는 2003년 9월 21일에 목성의 대기권에 추락하면서도 여러 관측을 해 목성과 그 위성에 대한 여러 사실들을 우리에게 알려 주었다. 갈릴레오호는 목성의 달 중 하나인 가니메데에 태양계 내의 위성에서는 처음으로 자기장이 있다는 것을 발견했다. 또한 이오에서는 '라파테라' 화산이 폭발하는 모습도 보여 주었고, '슈메이커-레비 9' 혜성의 목성과의 충돌 장면도 가까이에서 지켜보았다. 이렇게 목성 궤도에 도착한 뒤 8년 동안 촬영한 1만 4,000장의 화상과 다양한 관측 자료는 우리에게 목성에 대한 많은 지식을 제공했다.

아름다운 행성인 토성

태양계의 여러 별 중 가장 환상적인 모습을 하고 있는 별이 있는데, 그것이 바로 토성이다. 토성이 아름답게 보이는 것은 별의 중간에 커다란 원반형의 띠를 두르고 있기 때문일 것이다. 토성의 크기는 지구의 9.5배인 12만 536km이다. 그러나 평균 밀도는 0.7이다. 물의 평균 밀도가 1이므로 토성을 띄울 만큼 엄청나게 큰 바다가 있다면 토성은 아마도 둥둥 떠다닐 것이다.

토성은 태양에서 14억 2,672만 km 떨어져 있어 29년에 한 번씩 태양을 돌며, 10시간 40분마다 한 번씩 자전한다. 그리고 수소와 헬륨으로 구성되어 있고, 온도는 −178℃이다. 토성에는 모두 47개의 달이 있는 것이 2006년 11월까지 확인되었지만, 앞으로 더 발견될 수도 있을 것이다. 지금까지 토성을 탐험한 우주선은 파이어니어 11호와 보이저 1, 2호 등이다. 이 중 파이어니어 11호는 6년 동안 32억 km를 여행한 끝에 1979년 9월 1일에 처음으로 토성에 도착했다.

파이어니어 11호의 관측에 의하면 토성은 지구보다 1,000배나 더 강하지만 목성보다는 20배 약한 자장을 가졌으며, 토성 주위에는 2개의 새로운 띠가 있었다. 보이저 1호는 1980년 11월 12일에 토성을 지나가면서 새로운 띠와 달 3개를 발견했고, 토성의 위성인 타이탄에 질소로

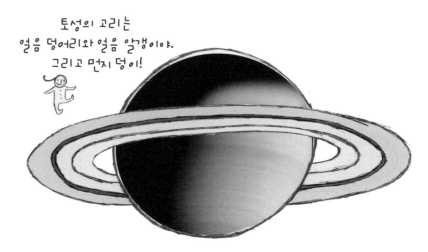

토성의 고리는
얼음 덩어리와 얼음 알갱이야.
그리고 먼지 덩이!

카시니-호이겐스 탐사선이 5,600만 km 떨어진 거리에서 촬영한 토성의 모습

구성된 대기가 있음을 발견했다. 이 보이저 1호는 토성을 지나서 태양계를 벗어났고, 우주의 끝으로 사라져 갔다. 그 후 보이저 2호는 1981년 8월 25일에 토성을 지나가면서 관측했다.

최근의 토성 관찰은 카시니-호이겐스호에 의해서 이루어졌다. 미국과 유럽이 공동으로 개발해 1997년 10월 15일에 미국에서 발사되어 35억 km를 여행한 이 우주선은 7년 뒤인 2004년 7월 1일에 토성의 궤도에 성공적으로 진입했다. 카시니호가 토성으로 출발할 당시 토성의 달은 18개로 알려져 있었다. 그러나 그 후 새로운 달들이 계속 발견되어 현재는 47개가 공인되었다. 토성의 첫 인공 달이 된 카시니호는 무게 5,500kg, 높이 6.8m, 폭 4m인 대형 무인 탐사선이다. 개발 비용도 3조 8,000억 원이나 투입되었다.

카시니 탐사선은 대형 탐사선이므로 금성과 지구 그리고 목성의 옆을 지나가면서 행성의 중력을 이용해 비행 속도를 가속시키는 스윙바이(swingby) 방법으로 토성에 도착했다. 카시니호가 토성에 도착하기 전인 2003년 6월에는 직경 200km의 포이베 위성을 2,000km의 가까운 거리에서 촬영하기도 했고, 2005년 1월 14일에는 토성의 가장 큰 위성인 타이탄에 무게 320kg의 호이겐스 탐사선을 성공적으로 착륙시켜 사진을 찍는 데 처음 성공했다. 태양계 행성의 달에 지구에서 보낸 탐사선을 착륙시키는 데 성공시킨 것은 엄청난 첨단 과학 기술의 승리인 것이다. 타이탄은 직경 5,150km로서 토성의 달 중 유일하게 대기층이 있어 그동안 많은 관심의 대상이 되어 왔다. 호이겐스호는 인류가 가장 멀리 보내 착륙시킨 탐사선이 되었다. 이제 카시니-호이겐스 탐사선의 토성 탐사가 끝나게 되면 토성과 달에 대해 더 많은 의문점들이 밝혀질 것으로 보인다.

최근 출판된 카시니-호이겐스 프로젝트의 진행 과정에 관한 책을 보면 국제 공동 우주 탐사가 얼마나 어려운지를 잘 알 수 있다. 이 프로젝트는 유럽과 미국의 우주과학자들에 의해 1983년에 처음 제안되었고, 유럽과 미국의 항공우주국이 1988년부터 공동으로 사업을 시작했다.

프로젝트를 시작한 뒤 예산 삭감 등 많은 어려움을 겪은 끝에 9년 만인 1997년에 발사되었고, 발사 후 7년 동안 금성과 지구 그리고 목성을 돌아다니면서 비행 속도를 가속시켜 35억 km를 비행한 후 2004년 7월에 토성에 도착했으며, 드디어 2005년 1월 4일에 타이탄에 탐사선이 착륙한 것이다. 이는 토성 프로젝트를 제안한 뒤 22년 만에 이루어진 것이다. 이 기간 동안 19개국에서 260여 명의 과학자들과 5,000여 명의

호이겐스 탐사선이 토성의 가장 큰 달인 타이탄에 착륙하면서 촬영한 표면 모습

기술자들이 연구·개발에 참여한 초대형 프로젝트였다.

미 항공우주국은 2005년 2월 17일과 3월 9일에 카시니호가 직경 500km인, 토성의 푸른색 고리 지역에 있는 위성 엔셀라두스를 가깝게 지나가면서 관측한 결과 대기가 존재한다는 사실을 알게 되었다. 그리고 10월 6일에는 카시니호가 포착한 엔셀라두스의 남극 지역에서 얼음 입자를 내뿜는 사진도 공개했다. 관측 결과 엔셀라두스에는 대기가 있고, 물이 있는 것이 처음으로 확인되었다. 분출물은 주로 물로 이루어져 있고, 상당량의 이산화탄소와 프로판 그리고 메탄도 포함된 것으로 분석되었다. 이 결과는 지구 이외의 천체에서 생명체를 찾으려는 과학자들에게는 아주 반가운 소식이었다. 또 2006년 10월 11일에는 토성의 남극 부근에서 직경 8,000km, 높이 30~75km 크기의 초거대 소용돌이를 발견했다.

이 폭풍은 최대 시속 560km의 속도로 시계 방향으로 움직이며, 중심부는 사람의 눈 같은 모습으로 극 지대에 머물고 있다. 이렇듯 앞으로 카시니호가 계속 토성의 신비를 밝힐 것으로 보인다.

창백한 행성인 천왕성

천왕성의 크기는 지구의 4배 정도인 5만 1,118km이며, 태양에서 28억 7,097만 km 떨어져 있어 84년에 한 번씩 태양을 돈다. 자전주기는 17시간 14분이다. 천왕성은 물과 메탄 그리고 암모니아로 구성되어 있고, 온도는 -216℃이다. 또 토성의 것과 비슷한 얇은 띠가 남북으로 돌고 있다. 천왕성은 지구에서 멀리 떨어져 있어서 보이저 2호가 1986년 1월 24일에 천왕성을 지나가면서 관측하기 전에는 별로 알려진 것이 없었다. 현재 알려진 바로는 달이 모두 27개라는 정도이다.

막내 행성인 해왕성

해왕성은 천왕성과 비슷하며, 직경은 49만 528km이고, 태양에서 44억 9,825만 km 떨어져서 164.79년마다 한 번씩 태양을 돈다. 자전주기는 16시간 7분이고, 온도는 -214℃이다. 1989년 8월 25일에 해왕성의 북극 4,800km 지점을 지나가면서 새로운 달과 띠를 찾은 보이저 2호에 의해 많은 새로운 사실들이 밝혀졌는데, 달은 모두 13개이다.

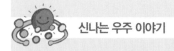

새로운 작은 행성인 왜행성

그동안 태양계에는 태양을 중심으로 9개의 행성들이 있었다. 그리고 최근 명왕성 밖에서 새로운 행성급 천체들이 발견되었다. 이들을 태양계의 열 번째 행성으로 등록하는 과정에서 새롭게 태양계 시스템을 만들자는 주장이 있었고, 2006년 9월 13일에 국제천문연맹(IAU)에서 결정한 새로운 태양계는 수성에서 해왕성까지 8개의 행성과 소행성 중에서 가장 큰 세레스 그리고 명왕성과 최근 발견된 에리스를 왜행성(dwarf planets)군으로 묶었다. 그리고 소행성과 혜성들을 묶어 태양계의 소형 천체라고 부르기로 했다.

명왕성의 크기는 지구의 달보다도 작은 직경 2,300km이다. 태양에서 59억 km 떨어져 있어 248년마다 한 번씩 태양을 돌며, 자전주기는 6일 9시간이고, 표면 온도는 −220°C이다. 그리고 명왕성에는 직경이 1,186km인 카론(Charon)과 2005년에 발견된 히드라(Hydra), 닉스(Nix) 등 3개의 달이 있다.

2003년에 발견된 에리스(2003 UB 313)는 직경이 2,400km로서 명왕성보다 100km 크다. 또 2005년 9월에는 직경 300~400km의 디스노미아라는 에리스의 달이 하나 발견되었다. 에리스는 태양에서 100억 km 이상 떨어져 있어서 지금까지 태양계 내에서 발견된 소행성 중 가장 멀리 떨어져 있는 것이다.

세레스는 직경이 950km이며, 1801년에 발견된 첫 소행성이고, 4~6년에 한 번씩 태양을 돈다. 2006년 1월 20일에 발사된 무게 450kg의 첫 명왕성 탐사선인 뉴호라이즌스호는 2015년 7월경 명왕성과 에리스 근처에 도착해 태양계 외곽의 신비를 밝히게 될 것이다.

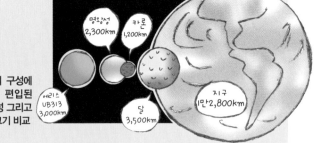

새로운 태양계의 구성에 의해 왜행성에 편입된 UB 313과 명왕성 그리고 지구의 달과의 크기 비교

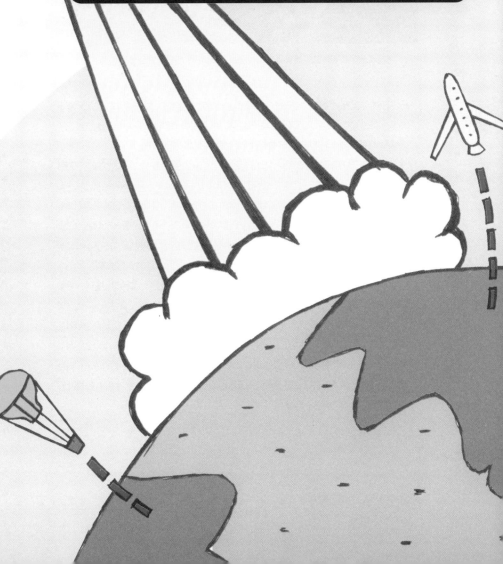

02

인류의 지구탈출 도전기

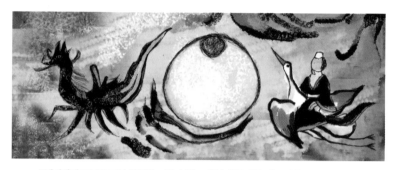

5세기경의 고구려 고분 벽화에 그려져 있는, 신선이 큰 새를 타고 달을 여행하는 장면

지구에 수십만 년 전부터 살아온 인류가 하늘의 달과 별을 보면서 언제부터인가 저곳에 가보고 싶다는 생각을 갖게 되었다. 갈 수 있는 방법이 확실히 있었던 것은 아니지만 그냥 지구를 떠나 다른 천체로 가거나 우주 여행을 하고 싶었던 것이다.

우리 선조들도 우주를 날아 보고 싶었을까? 우리 선조들이 우주를 날아 보고 싶었던 근거를 우리는 쉽게 찾을 수 있다. 평안북도 증산군 용덕리에 있는 10호 고인돌의 뚜껑돌 겉면에는 북극성을 중심으로 11개의 별자리가 80여 개의 별로 크기도 다르게 암각되어 있다. 이 별자리를 분석해 보니 기원전 2800년에서 3000년경의 별자리 모습이었다. 이 고인돌에서 나온 질그릇의 제작 연대를 과학적으로 분석해 보니 기원전 2900년쯤 제작된 것이었다. 이는 지금으로부터 5,000년 전에 한반도에 살던 우리 조상들이 별에 관심이 무척 많았다는 증거이다.

우리나라는 전 세계 고인돌의 절반 이상이 있는 고인돌의 나라인데, 많은 고인돌에 북두칠성이 그려져 있다. 또 고구려 벽화 중에는 서기 357년경에 만들어진 안악 3호분에 북두칠성이 그려져 있고, 4~5세기에 만들어진 고구려의 무덤 벽화에는 신선이 학을 타고 달로 날아가는 그림이 그려져 있다. 더욱 재미있는 사실은 전라도 백암사의 대웅전 천장 밑에 달려 있는 목각의 모양이 고구려의 무덤 벽화에 있는 것과 비슷하게 학을 타고 날아가는 신선의 모습이라는 점이다. 이런 점들을 종합해 보면 우리의 선조들은 우주와 우주를 비행하는 데 아주 관심이 많았음을 잘 알 수 있다.

☆↑☆↑↑ 위로 올라가기

기구

초등학교 시절 봄가을에 열리는 운동회가 무척 기다려졌던 기억이 새롭다. 당시의 운동회에서는 점심을 먹고 난 1시에서 2시 사이에 인공위성을 발사했다. 인공위성은 직경 1.5m, 길이 3m 정도 되는, 위가 막힌 원통을 철사로 만들고 겉은 비닐을 붙인 것이었다. 아랫부분에 철사로 십자형의 틀을 만들고 가운데에 기름 묻은 솜을 뭉쳐 단 후 불을 붙인다. 이때 솜에 묻은 기름이 타면서 나는 뜨거운 연기가 기구 속에서 위로 올라갔다가 다시 아래로 빠져나오면서 기구는 위로 올라간다. 이 기구는 100~200m를 상승한 후 멀리 날아가서 떨어졌다. 지금 이런 열기구를 운동회에서 올려 보내며 인공위성 발사라고 하면 모두 비웃겠지만, 우주개발 초기인 1960년대 초의 초등학생들에게는 무척 신기한

몽골피에 형제의 열기구

광경이었다.

세계 최초의 기구는 프랑스의 몽골피에(Montgolfier) 형제가 만든 것으로서 공기를 데우면 가벼워져 하늘로 올라간다는 원리를 이용해 지름 10.5m의 공기주머니를 종이와 헝겊으로 만든 것이었다. 그리고 짚을 태워 공기주머니 안의 공기를 데웠다. 1783년 6월 5일, 프랑스 리옹에서 처음 날린 이 기구는 300여 m를 날았다.

사람이 처음 탄 것은 1783년 11월 21일에 프랑스의 로지에(Piladare De Rozier)가 몽골피에 형제가 만든 기구를 타고 23분 동안 9,000m를 여행한 것이다. 이 비행이 인공적인 장치를 타고 인류가 하늘에 올라간 첫 기록이 될 것이다. 1년 뒤인 1784년에 로지에는 4,000m까지 상승했다. 또 1862년 9월 5일에 콕스웰(Coxwell)과 영국의 물리학자 글레이셔(Glaisher)는 드디어 1만 m 이상을 처음 상승해 1만 1,887km까지 도달하는 기록을 세웠고, 1934년 1월 30일에는 구소련에서 처음으로 20km 이상을 상승해 2만 1,946m까지 도달했다.

그 후 1935년 11월 10일에는 앤더슨(Anderson)과 스티븐스(Stevens)가 익스플로러(Explorer) II를 타고 2만 2,066m까지 상승하는 기록을 세웠으며, 1960년 8월 16일에는 미 공군의 키팅거(Joe Kittinger) 대위가 3만 1,333m까지 올라가 점프해 낙하산으로 내려왔다. 그리고 1961년 5

월 4일에는 미 해군의 프래더 (Victor Prather)와 로스(Malcolm Ross)가 3만 4,668m까지 상승하는 기록을 세웠고, 일본에서는 2002년 5월 23일에 최경량 무인 기구를 만들어 5만 3,000m까지 올리는 데 성공했다. 그러나 사

1960년 8월 16일에 미 공군의 키팅거 대위가 3만 1,333m의 기구에서 낙하하고 있다.

람이 탑승하는 기구는 안전하게 내려와야 하는 문제도 있기 때문에 4만 m 이상을 올라가기가 쉽지 않을 것이다.

비행기

지금으로부터 100여 년 전인 1903년 12월 17일, 미국의 라이트 형제는 자신들이 만든 비행기인 플라이어를 타고 노스캐롤라이나의 키티호크에서 12초 동안 36.6m를 비행했다. 이렇게 개발되기 시작한 비행기를 타고 하늘 높이 올라가기까지는 기구보다도 많은 시간이 걸렸다. 비행기는 공기가 있어야 비행할 수 있기 때문에 공기가 희박한 10km 위로 올라가는 데는 시일이 많이 걸렸다.

드디어 1921년 9월 28일에 맥레디(MacReady)가 제너럴 일렉트릭에서 개발한, 공기를 압축해서 엔진에 공급하는 장치를 단 신형 디젤엔진을 부착한 르페르 복엽기(LePere biplane)로 10만 518km까지 상승하는데 성공했다. 이는 기구보다 60여 년 늦게 10km까지 올라간 것이다. 그 후 20km의 벽은 영국의 잉글리시 일렉트릭사에서 개발한 쌍발 제트

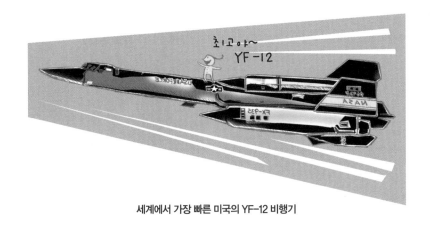

세계에서 가장 빠른 미국의 YF-12 비행기

엔진 폭격기인 캔버라(Canberra)가 넘었는데, 1955년 8월 29일에는 프레임(Walter Frame)이 제1세대 제트 폭격기인 캔버라를 조종해 2만 83m까지 상승하는 데 성공했다. 또 1959년 12월 6일에는 우리나라 공군도 보유하고 있는, 미국 맥도넬 항공사에서 개발한 F-4H 팬텀 전폭기로 3만 m를 처음 넘어서서 3만 40m까지 상승하는 데 성공했고, 1961년 4월 28일에는 구소련에서 미그(MIG)-21을 개량한 Ye-66A로 3만 4,714m까지 올라가는 데 성공해 거의 3만 5,000m 높이까지 올라갔다.

현재까지 제트엔진을 이용한 비행기로써 최고로 높이 올라간 기록은 구소련의 페도토프(Alexandr Fedotov)가 미그(MIG)-25로 1977년 8월 31일에 3만 7,650m까지 올라간 것이다. 미그-25로 3만 7,000m까지 도달할 수 있었던 것은 포물선 비행을 하면서 산소가 희박해 제트엔진이 작동되지 않는 고공까지 관성으로 올라갔기 때문이다. 고공에서 수평 비행을 한 기록은 1965년 미국의 정찰기인 SR-71을 개량한 YF-12A로 2만 4,463m의 높이에서 비행한 것이다.

☆🏠☆ 지구 일주

지구를 일주하는 데는 여러 가지 방법이 있다. 걸어서 할 수도 있고, 자전거를 타고 할 수도 있으며, 기구나 비행기를 타고 할 수도 있고, 우주선을 타고 할 수도 있다. 그런데 지구를 걸어서 일주하는 데 얼마나 시간이 걸릴까? 물론 어디에서

어떻게 지구 일주하느냐에 따라 다를 것이다. 남극점이나 북극점에서는 몇 초면 지구 한 바퀴 돌 수 있을 것이다. 그리고 적도 지방을 일주한다면 제일 시간이 오래 걸릴 것이다. 지구의 적도 둘레가 약 4만 75km이므로 하루에 40km씩 걷는다면 1,000일 정도 걸릴 것이다.

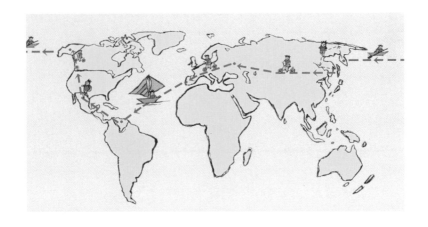

무동력

　최근에 지구를 실제로 일주한 사람이 있다. 캐나다인 하비가 자전거와 배, 스키 등 무동력 장치를 이용해서 지구를 일주했다. 그는 캐나다의 밴쿠버에서 2004년 6월 1일에 자전거로 출발해 미국의 알래스카로 갔고, 노 젓는 배로 베링 해협을 건너 캄차카 반도에 도착했다. 그리고 걸어서 2005년 11월 초에 사할린에 도착했고, 이곳에서 자전거로 하루 150km씩 달려 모스크바를 거쳐 10월에 포르투갈의 리스본에 도착했다. 그 후 돛단배를 타고 38일 동안 대서양을 건너 베네수엘라에 도착했고, 자전거와 도보로 남미에서 미국을 통과해 2006년 9월 12일에 밴쿠버로 돌아왔다. 하비는 4만 2,000km를 894일 만에 일주했는데, 하루에 47km씩 이동한 셈이다.

기구

　기구를 타고 지구를 일주하면 얼마나 걸릴까? 기구를 타고 세계 일주

에 첫 번째로 성공한 사례는 스위스의 정신과 의사인 피카르(Bertrand Piccard)와 영국인 존스(Brian Jones)가 브레이틀링 오비터(Breitling orbiter) 3호를 타고 1999년 3월 1일부터 19일 21시간 47분 동안 비행한 것이다.

그리고 3년 뒤 미국인 모험가인 포셋(Steve Fossett)은 2002년 6월 19일에 오스트레일리아에서 출발해 3만 3,195km를 13일 8시간 33분 동안에 일주하는 데 성공하여 기구를 혼자 타고 세계를 가장 빨리 일주하는 기록을 세웠다. 그는 1995년 2월 17일에 서울을 떠나 5일 동안 태평양을 혼자 횡단하며 8,746km를 날면서 기구의 세계 일주 준비를 하기도 했다.

기구는 부력을 이용해 뜰 수는 있지만 움직이는 힘은 없다. 기구가 움직이기 위해서는 지구 주위를 돌고 있는 제트기류를 이용해야 한다. 따라서 포셋은 평균 시속 103km의 속도로 지구를 일주한 셈이다. 기구를 이용해 세계를 일주하기 위해서는 사람이 타는 캡슐을 특수하게 제작해야 한다. 지상 10km의 높이에는 산소도 많지 않고 온도도 −50℃ 이하로 무척 춥기 때문이다. 포셋의 세계 일주에 사용된 기구는 복합형 기구(일명 로지에 기구)로서 높이 55m, 직경 33m나 되는 초대형인데, 포셋이 비행 중 머물렀던 탑승 장치인 캡슐은 길이 2.2m, 폭 1.6m, 높이 1.5m이고, 무게는 225kg이며, 복합 재료로 가볍게 제작되었다. 또 캡슐 속의 온도는 4℃에서 21℃까지 조절할 수 있게 설계되었다.

동력 장치

자동차로 세계를 일주한 기록은 1989년 9월 9일에 인도 뉴델리에서 출발해서 69일 19시간 5분 만인 11월 17일에 같은 장소에 도착했던 것이다. 이는 인도 캘커타 출신의 모하메드 살라후딘 추드후디(Choudhudy)와 니나 부부가 힌두스탄식의 '콘테사 클래식'을 타고 4만 750km를 시속 24.3km의 속도로 달려서 달성한 것이다.

또 미국의 스미소니언 우주항공박물관에 전시되어 있는 벨 206L-1 롱 레인저 헬리콥터는 1982년 9월 1일부터 30일까지 29일 3시간 8분 동안 3만 9,838km를 평균 시속 188km로 비행했다. 이 헬리콥터는 텍사스의 달라스에서 출발해서 동쪽으로 비행을 시작해 26개국을 통과했는데, 원래 있던 객실을 개조해 151갤런의 보조 연료 탱크를 설치하여 한 번에 8시간씩 비행이 가능하게 했던 것이다. 총 체공 시간은 246.5시간이었으며, 하루 평균 9시간 30분씩 비행했다.

비행기를 이용한 첫 세계 일주 비행은 1949년 2월 26일에 미국의 B-50 폭격기를 이용해 중간에 네 번의 공중 급유를 받아 가며 성공한 것이다. 텍사스의 카스웰(Carswell) 비행장을 이륙해 사우디아라비아, 필리핀, 하와이를 거쳐 94시간 1분 동안 3만 7,743km를 비행했는데, 평균 시속 398km로 비행을 한 셈이다. 그리고 61세의 억만장자이며 기구로 세계 일주 기록을 갖고 있던 포셋은 2005년 3월 3일에 글로벌 플라이어(Global Flyer)호 비행기를 타고 세계 일주 비행에 나섰다. 글로벌 플라이어호는 스페이스십원(SpaceshipOne)호를 개발한 스케일드 콤퍼지츠사의 버트 루탄이 개발한 것으로서 날개폭 35m, 길이 13.4m, 높이 4m, 무게 1.5톤이며, 최대 이륙 중량은 9.9톤의 경비행기이다. 포셋은 미국 캔자스 주에 있는 설라이너 공항에서 이륙해서 중간에 연료 공급 없이 3만 6,912.68km를 67시간 1분 10초 동안 비행해 다시 출발지로 되돌아옴으로써 세계 일주 기록을 세웠는데, 이는 시속 550.7km의 속도로 지구를 일주 비행한 것이다.

그런데 일반 여객기로 세계 일주에 성공한 예는 없다. 기술적으로 불가능한 것이 아니라 여객기를 타고 세계 일주를 하려는 고객이 없기 때문이다. 여객기를 타고 미국이나 유럽으로 가는 것은 좋아해도 누가 비행기를 타고 이륙한 비행장으로 되돌아오려고 할 것인가? 여객기로 중간에 멈추지 않고 제일 멀리 비행한 기록은 보잉 777-200기가 홍콩 공항에서 출발해서 2만 240km를 23시간 동안 비행해 2005년 11월 10일에 영국 런던의 히드로 공항에 도착한 것이다.

이 비행에서 보잉 777-200기는 35명만 태운 채 평균 시속 880km로 비행했다. 이 비행기는 정상 수준에서 300명의 승객을 태우고 1만 7,446km를 비행할 수 있게 설계되어 현재로

포셋이 2005년 3월에 논스톱 세계 일주를 한
글로벌 플라이어(Global Flyer) 비행기

는 최장거리 비행이 가능한 비행기이다. 만일 이 여객기에 승객 대신 연료를 채우고 세계 일주 비행을 한다면 국제적으로 공인되는 세계 일주 거리는 3만 7,000km 이므로 이 거리를 시속 800km로 비행한다면 46시간이면 가능할 것이다.

세계를 일주하는 데 걸리는 시간은 갈수록 줄어들 것이다. 그러나 대기권에서 비행기로 낼 수 있는 속도는 제한되어 있기 때문에 현재 가장 빨리 달리는 비행기인 SR-71로 마하 3의 속도로 계속 비행한다면 10시간이면 지구 일주가 가능할 것이다. 그리고 더 빨리 비행하기 위해서는 공기와의 마찰이 없는 우주로 올라가야 하는데, 공기가 없는 우주로 올라가면 제트엔진의 작동에 꼭 필요한 산소가 없어서 제트기의 비행이 불가능해진다. 공기가 없는, 즉 산소가 없는 우주를 비행하기 위해서는 특별한 엔진이 필요한데 그것이 바로 로켓엔진이다. 로켓엔진은 산소를 갖고 다니기 때문에 공기가 없는 곳이든, 있는 곳이든 작동할 수 있다.

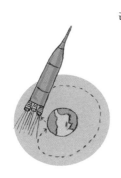

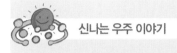

기구의 종류와 제트엔진

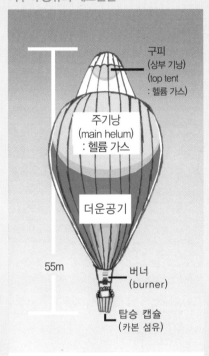

구피
(상부 기낭)
(top tent
: 헬륨 가스)

주기낭
(main helum)
: 헬륨 가스

더운공기

55m

버너
(burner)

탑승 캡슐
(카본 섬유)

복합형 기구의 구조

기구(balloon)는 큰 공기주머니 속에 가벼운 가스를 채워 대기의 부력에 의해 뜨는 풍선이다. 풍선, 비행선이나 애드벌룬(ad balloon) 같은 광고 풍선 등도 기구의 일종이다.

종류는 헬륨(He)이나 수소(H2) 등 가벼운 가스를 넣은 가스 기구(gas balloon), 공기주머니에 뜨거운 공기를 버너로 불어넣어 부력을 이용하는 열기구(hot balloon), 그리고 가스 기구와 열기구를 혼합해 놓은 복합형 기구(Rozier balloon) 등 세 가지가 있다. 그중 지구를 일주하거나 고공에 올라가는 기구는 복합형 기구이다.

일반적인 열기구에는 윗부분에 크고 둥근 공기주머니(구피)가 있고, 아랫부분에 버너와 사람을 태우는 탑승장치가 있다. 그러나 세계 일주에 성공한 복합형 기구에는 제일 윗부분에 헬륨을 채운 작은 상부 기낭이 있고, 그 아래에 헬륨을 채운 직경 33m의 큰 주 기낭이 있다. 그리고 그 아래에 만들어지는 공간에 액화 프로판가스로 만든 뜨거운 공기를 채우며, 제일 아래에는 사람이 탑승하는 캡슐이 있고, 그 위에 열기구에 뜨거운 가스를 공급하는 버너가 있다. 이러한 복합형 기구의 전체 무게는 8.1톤 정도이다.

제트엔진은 엔진 앞부분에 공기흡입구가 있는데, 압축기를 통해서 공기를 빨아들

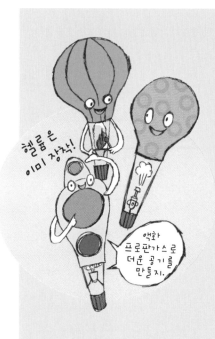

헬륨은 이미 장착!

액화 프로판가스로 더운 공기를 만들지.

여 압축한 다음 압축공기에 연료를 분사해 폭발시킨다. 이때 폭발된 연소 가스가 뒤로 나가면서 터빈을 돌려서 축이 연결된 압축기를 회전시키면서 엔진 뒤로 연소 가스를 분출해 추력을 만드는 동력 장치이다.

공기 중에서 산소를 얻어 연료를 태우는 장치이므로 공기가 없는 곳에서는 사용할 수 없다. 현재까지 개발된 제트엔진 중 가장 큰 것은 제너럴 다이내믹사에서 개발한 GE90-115B로서 추력이 5만 5,792.8kgf로 보잉 777 여객기에 사용되고 있다.

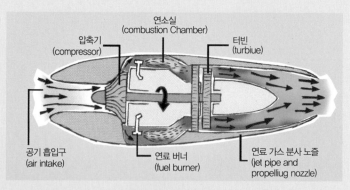

터보제트엔진의 구조

03

로켓의 탄생

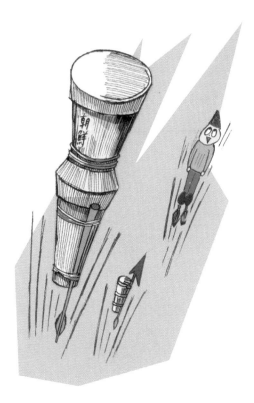

　　로켓은 최첨단 운반기구로서 이 세상 어디에나 날아다닐 수 있다. 즉, 물 속이나 하늘이나 공기가 없는 우주까지도 날아다닐 수 있는 유일한 동력 장치이다. 그런데 이러한 로켓이 이 세상에 등장한 것은 생각보다 무척 빠르다. 1232년 중국에서 만든 비화창(飛火槍), 즉 '날아가는 불 창' 이 공식적으로 기록에 보이는 첫 로켓이다.

　　로켓은 화약이 들은 추진제 통 그리고 로켓이 똑바로 날아가게 해 주는 유도 장치 등으로 구성되어 있다. 보통 미사일은 로켓을 이용하고 있는데, 제일 앞부분의 탄두를 제외한 나머지 부분이 모두 로켓이다. 우주로켓의 경우에는 제일 앞부분에 실리는 인공위성이나 우주탐사선을 제외하면 나머지는 모두 로켓이다. 로켓의 종류는 로켓에 사용하는 추진제의 종류에 따라 크게 고체 추진제 로켓, 액체 추진제 로켓, 하이브리드 로켓 등으로 나눌 수 있다.

# 로켓의 종류

고체 추진제 로켓

중국에서 만든 비화창(飛火槍)이 세계 최초의 고체 추진제 로켓이다. 몽골군의 세계 정복에 의해서 전 세계에 로켓 무기가 퍼지게 되었다. 우리나라에서는 고려 말엽에 최무선이 처음 개발했으며, 당시 이름은 달리는 불이라는 뜻의 주화(走火)였다.

우리나라 최초의 로켓인 대신기전(大神機箭)

주화는 길이 120cm의 화살대의 앞부분에 길이 15cm, 직경 2cm의 종이로 만 원통형 약통을 단 후 그 속에 화약을 넣어 불로 발사하면 100여 m를 날아가는 화공용 무기였다. 고려 시대의 주화가 조선 시대의 세종 때에 획기적으로 개량되어 '귀신같은 기계 화살' 이라는 뜻의 신기전(神機箭)으로 이름이 바뀌어 사용되었다. 종류는 소·중·대신기전이 있었는데, 1993년 대전 엑스포 때 필자가 중·소신기전 및 화차를 복원해 처음으로 발사 시험을 했다. 우리나라 최초의 로켓인 주화와 신기전은 필자가 대학 재학 중에 연구해 1975년 역사학회에서 발표함으로써 그 존재 사실이 처음 밝혀졌는데, 연구할 때부터 기회가 되면 우리의 옛 로켓을 복원해서 실제로 날아가는 모습을 보고 싶었다.

신기전 중에서 대신기전은 길이가 5.5m이며 2km 정도를 비행할 수 있는 성능으로서 19세기 이전에 개발된 고체 추진제 로켓 중 세계에서 가장 큰 로켓이었다. 중·소신기전은 조선 시대의 문종이 1450년 개발한 화차(火車)에 100발을 장착해 발사하기도 했다.

필자의 주화와 신기전의 연구 발표(『경향신문』 1975년 11월 22일자)

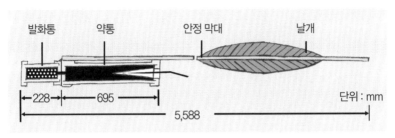

발화통   약통   안정 막대   날개

←228→← 695 →
←   5,588   →
단위 : mm

대신기전의 구조

아주 놀라운 사실은 신기전과 화차의 제작 설계도가 아직도 잘 남아
있다는 것과 설계도에 사용한 치수 중 가장 작은 눈금이 0.3mm인 '리
(釐)'를 사용해서 정밀하게 기록하였다는 점이다. 뿐만 아니라 이 설계
도는 현존하는 가장 오래된 로켓 제작 설계도이다. '리'라는 단위는 당
시에 세계에서 사용한 단위 중 가장 정밀하고 작은 것이다.

우리 민족은 손재주가 빼어나고 과학 기술 분야에 뛰어난 재능이 있
다. 이러한 뛰어난 재능이 밑바탕이 되어서 우리나라는 50여 년 만에
세계에서 가장 가난한 나라에서 열두 번째 경제 대국으로 기적 같은 발
전을 할 수 있었던 것이다. 세
종 때 개발된 우리의 로켓뿐
만 아니라 뛰어난 총포 등 화
약 무기를 보아도 우리 민족
의 과학 기술 재능은 최근 갑
자기 생긴 것이 아니라 조선
초기에도 세계적으로 우수했
다는 것을 잘 증명해 준다.

화차에서 신기전이 발사되는 모습

우리나라가 대신기전 같은 초대형 로켓을 유럽보다 200년이나 앞서서 세종 때 개발할 수 있었던 것은 한지(韓紙)라는 질기고 세계적으로 우수한 종이를 만들 수 있었기 때문에 가능하였다. 당시 로켓의 몸통은 한지를 말아서 만들었는데, 우수한 종이가 아니면 화약의 폭발력에 견디지 못하기 때문에 큰 로켓을 개발하는 것이 불가능했을 것이다.

고체 추진제의 구조와 종류

고체 추진제 로켓의 구조는 추진제 통과 노즐로 구성되어 있다. 추진제 통은 긴 원통형 통이며, 금속이나 복합 재료로 만들었고, 이 속에 추진제를 채운다. 추진제의 종류는 연료와 연소를 도와줄 산화제로 구성되어 있다. 산화제는 산소가 많이 포함되어 있는 질산칼륨(KNO_3), 과염소산칼륨($KClO_4$), 과염소산암모늄($NH4ClO_4$) 등이다.

연료는 옛날에는 목탄과 유황이 사용되었으나 현재는 알루미늄이 많이 사용되고, 산화제와 연료를 결합시키면서 연료의 역할도 하는 것으로는 옛날에는 아스팔트가 사용되었으나 지금은 고무 합성 물질인 탈수산화부타디엔(HTPB)이 주로 사용되고 있다.

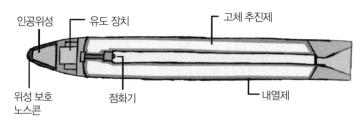

고체 추진제 로켓의 구조

추진제 재료를 반죽해서 잘 섞은 다음 추진제 통에 넣을 때 고체 추진제의 중앙에 구멍을 만든다. 추진제에 뚫려 있는 구멍의 크기와 모양에 따라 로켓의 연소 시간과 연소 면적, 즉 추력의 크기가 결정되므로 아주 중요하다.

고체 추진제의 연소 방법에는 추진제의 안쪽과 바깥쪽에서 동시에 타 들어가는 것도 있다. 이렇게 함으로써 추력을 일정하게 할 수도 있고, 추력이 커지는 것은 물론이다. 추진제 통의 아래에는 노즐이 붙어 있다. 노즐은 추진제 통 속의 추진제가 타면서 만드는 고온, 고압, 저속의 연소 가스를 저압 고속의 배기가스로 만드는 곳이다. 여기로는 고온의 가스가 통과하므로 흑연이나 복합 재료로 만든다.

고체 추진제 로켓의 단점으로는 추진제에 한번 불을 붙이면 중간에 조절이 불가능하다는 것과 균일하게 태우기가 힘들다는 점이다. 반면에 장점으로는 구조가 간단하고 제작 비용과 유지 비용이 싸기 때문에 경제적이라는 것이다. 로켓 및 추진제의 성능은 비추력(Isp)으로 표시되

〈표 1〉 각국의 대형 고체 추진제 로켓

명칭	직경(m)	길이(m)	무게(톤)	추력(진공 k,gf)	비추력(초)	개발국
SRB(우주왕복선)	3.71	38.5	589	1,175,490	269	미국
P241(아리안 5)	3.05	31.6	278	660,204	275	프랑스
SRB(H-2)	1.81	23.4	70.4	157,142	273	일본

＊SRB(solid propellant rocket booster)

는데, 단위는 '초'이다. 즉 1kg의 추진제를 1초 동안 태워서 만드는 추력의 크기인데, 현재 사용하고 있는 우주왕복선 SRB의 비추력은 진공 상태에서 269초이다.

세계의 대형 고체 추진제 추력 보강용 로켓은 표1과 같다.

세계에서 제일 큰 고체 로켓

우리의 대신기전도 고체 추진제 로켓의 일종이다. 고체 추진제 로켓은 최근에 미사일의 추진 기관으로 가장 많이 사용되고 있다. 미사일 개발 초기에는 모든 대륙간탄도탄(ICBM)에 액체 추진제 로켓이 많이 이용되었으나 요즘에는 관리 · 유지에 편리한 고체 추진제 로켓이 이용되고 있다. 뿐만 아니라 최근에는 우주로켓의 추력 보강용 로켓에도 많이 사용되고 있다.

특히 우주왕복선의 추력 보강용 로켓(SRB)으로 사용되고 있는 로켓은 지름이 3.7m, 길이가 45m에, 무게는 58만 9,670kg인데, 이 중 추진제의 무게는 50만 2,126kg이고, 나머지 케이스의 무게가 8만 7,543kg이다. 연소 시간은 124초이며, 추력은 지상에서 120만 2,000kgf로 지금까지 개발된 고체 추진제 로켓 중 가장

큰 것이다(06. 우주왕복선의 구조 참조). 현재 개발 중인 미국의 차세대 우주 로켓인 '아레스 1'의 1단 로켓은 직경 3.7m, 길이 53m, 무게 708톤, 추력 1,436,000kgf을 목표로 하고 있어서 우주왕복선의 SRB보다도 1.2배 더 큰 로켓이 될 것이다.

액체 추진제 로켓

고체 추진제 로켓을 연탄보일러라고 한다면 액체 추진제 로켓은 기름보일러라고 할 수 있다. 기름보일러는 기름의 양을 조절해 쉽게 온도 조절을 할 수 있는 것처럼 액체 추진제 로켓도 연료와 산화제의 양을 조절함으로써 추력을 조절할 수 있는 특징이 있다.

현대 액체 로켓의 시작은 독일의 'V-2'와 미국의 '고더드 로켓'이다. 특히 독일의 V-2는 2차 세계대전 이후 미국, 구소련, 중국, 프랑스, 영국 등에 전파되어 미사일과 대형 우주로켓의 기술 모델이 되었다. 즉, 전쟁 무기로 개발되었다가 우주개발의 산파 역할을 하게 된 것이다.

V-2는 길이 14m, 직경 1.68m, 무게 1만 2,870kg, 추력 2만 5,000kgf이다. 이 로켓은 1톤의 탄두를 싣고 320km를 날아갈 수 있었다. 이러한 대형 액체 추진제 로켓이 지금으로부터 65년 전인 1942년에 개발되었다는 것은 정말 대단한 일이었다.

액체 추진제 로켓의 구조는 추진제 통(연료통과 산화제 통), 연료와 산화제의 연소실 주입용 펌프, 각 펌프를 회전시키는 터빈, 터빈을 움직이는 가스 발생기, 가스 배관 장치, 가스 유출 조정 장치, 추진제 주입기, 연소실 및 냉각 장치, 연소 가스를 밖으로 분출하는 노즐 등으로 구성되어 있다. 추진제를 연소실로 보내는 방법은 추진제 통 위에 달려 있는 압축가스통에서 산화제 통과 연료통의 상부에 연결된 관을 통해 고압의 압축가스를 넣어 주면 압력에 의해 통 속의 추진제를 각각 연소실로 밀어내는 간단한 방법과, 터빈을 사용해 펌프를 회전시켜 추진제 통에 있는 추진제를 연소실에 각각 밀어넣어 주는 방법 등이 있다.

초기에는 터빈을 움직여 줄 가스를 별도로 운반했지만, 현재는 연소실로 흐르도록 추진제들을 중간에서 빼내어 로켓의 추진력에는 아무런 영향을 주지 않으면서 이용한다.

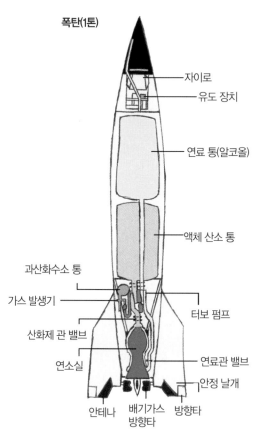

폭탄(1톤)

자이로
유도 장치
연료 통(알코올)
액체 산소 통
과산화수소 통
가스 발생기
산화제 관 밸브
연소실
터보 펌프
연료관 밸브
안정 날개
안테나
배기가스 방향타
방향타

액체 추진제 로켓의 구조

<표 2> 대표적인 대형 액체 추진제 로켓 엔진

명칭 (사용로켓)	추력(kgf)	연소실 압력(bar)	비추력 (초)	추력/ 엔진 무게	추진제	비고 (비행 연도)
F-1(새턴 5)	690,000	70	265	82.2	등유/LOX	미국(1967)
RD-170(에네르기아)	755,000	245	309	77.4	등유/LOX	러시아(1987)
SSME(우주왕복선)	185,450	204	453	58.3	LH/LOX	미국(1984)
RD-0120(에네르기아)	154,700	218	455	44.8	LH/LOX	러시아(1987)
Vulcain-2(아리안 5)	95,867	116	318	52.9	LH/LOX	프랑스(2002)
LE-7(H-2)	86,071	127	338	47.8	LH/LOX	일본(1994)

＊LOX 액체 산소, LH 액체 수소

그리고 고압가스에 의해 추진제를 연소실로 보내는 방법은 로켓이 커지면 압축가스통 또한 커지기 때문에 큰 로켓에서는 사용하지 않으며, 다만 인공위성의 추진 기관같이 작고 간단한 시스템에서만 쓴다.

인공위성 발사 로켓 중에서는 프랑스 최초의 인공위성을 발사한 디아몽 로켓의 1단에서 가압식 추진제 공급 방식을 이용한 것도 있다.

액체 추진제는 산화제로 액체 산소(O_2), 질산(KNO_3), 사산화이질소(N_2O_4) 등을 사용하며, 연료로는 등유, 액체 수소(H_2), 비대칭 디메틸히드라진(UDMH), 히드라진(N_2H_4) 등을 많이 사용한다.

특히 액체 산소(-183℃)와 액체 수소(-253℃)는 극저온의 액체 상태로 이용되기 때문에 극저온 추진제(cryogenic propellant)라고 부른다. 또 비대칭 디메틸히드라진과 사산화이질소는 상온에서 보관이 가능한 추진제이기 때문에 상온 추진제라고 부른다. 그리고 이 추진제는 연료와 산화제가 접촉을 하면 자동적으로 점화되는 특성이 있기 때문에 접촉성 추진제(hypergolic propellant)라고도 부른다. 이러한 종류의 추진제는 미사일과 인공위성 추진 기관에 많이 사용되고 있다.

세계의 대표적인 대형 액체 추진제 로켓엔진은 표2와 같다.

세계에서 가장 큰 액체 추진제 로켓

세계에서 가장 큰 액체 추진제 로켓은 1969년 달에 아폴로 우주선을 발사한 새턴 5 로켓이다. 전체 길이가 111m, 1단 직경이 10m, 전체 무게는 2,941톤이다. 1단 로켓에는 F-1 엔진을 5개 사용했는데, 총 추력만도 3,450톤이다. F-1 엔진은 등유와 액체 산소를 추진제로 사용해 69만 kgf의 추력을 발생한다. 이는 지금까지 비행한 액체 추진제 로켓엔진 중 최대의 것인데 엔진의 무게는 8,391kg이며, 엔진 무게당 추력은 82.2이다. 즉 로켓엔진의 무게 1kg으로 82.2kgf의 추력을 만들 수 있다는 것이며, 비추력은 265초이다.

액체 로켓엔진의 성능은 추진제의 조합과 연소실의 압력을 높여 줌으로써, 즉 높은 압력에서 태워 줌으로써 성능을 높일 수 있다. 1942년에 개발된 V-2 로켓엔진은 알코올과 액체 산소를 추진제로 사용해

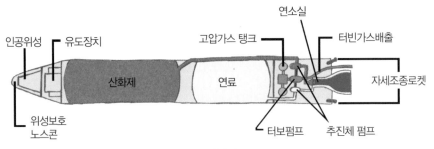

V-2 로켓의 구조

15bar의 연소실 압력에서 비추력은 203초였다. 1957년에 구소련의 첫 인공위성을 발사한 R-7 로켓의 RD-107 엔진은 등유와 액체 산소를 추진제로 사용해 연소실 압력을 60bar로 올렸고, 비추력도 256초로 향상시켰다. 구소련은 특히 연소실 압력을 높이는 방법으로 고성능 로켓엔진을 많이 개발했다. 구소련의 에네르기아 추력 보강용 로켓의 1단에 사용하고 있는 RD-170 엔진은 등유와 액체 산소를 사용해 연소실 압력을 245bar까지 높여 75만 5,000kgf의 추력이 발생하며, 비추력을 309초까지 올렸다. 엔진의 무게는 9,750kg이고, 엔진 무게당 추력은 미국의 F-1 엔진보다 작은 77.4이다.

추진제를 액체 수소와 액체 산소로 하면 비추력을 더 올릴 수 있다. 구소련의 RD-0120 엔진은 218bar의 연소실 압력에서 15만 4,700kgf의 추력이 발생한다. 비추력은 455초이며, 엔진의 무게는 3,450kg이어서 엔진 무게당 추력은 44.8이다. 현재 우주왕복선에 사용하는 SSME 엔진은 204bar의 연소실 압력에서 18만 5,450kgf의 추력이 발생한다. 비추력은 453초, 엔진의 무게는 3,177kg으로서 엔진 무게당 추력은 58.3인 엔진이다.

우리나라의 액체 추진제 로켓 KSR-Ⅲ

액체 추진제 로켓은 우주개발용 우주로켓에 주로 많이 사용된다. 우리나라의 한국항공우주연구원(KARI)에서도 장차 우주개발에 액체 추진제 로켓의 필요성을 느끼게 되면서 필자가 개발 책임자로 참여해 2002년 11월 KSR-Ⅲ 액체 추진제 로켓을 국내 최초로 개발·발사했다. 우

국내 최초 액체 추진제 로켓 KSR-Ⅲ의 성공적 발사 [사진 한국항공우주연구원]

리나라의 액체 추진제 로켓은 직경 1m, 길이 19m, 무게 5.5톤, 추력 13톤이며, 추진제로는 액체 산소와 등유를 사용하였다. KSR-Ⅲ는 인공위성을 발사할 수 있는 수준의 큰 로켓은 아니지만 외국의 기술 협력 없이 100% 국내 독자 기술로 개발하였다는 데 큰 의미가 있다. 현재 액체 로켓엔진 같은 핵심 로켓 기술을 외국에서 지원받는다는 것은 거의 불가능하다. 때문에 우리나라가 우주로켓을 개발하기 위해서는 우리의 독자적인 로켓 기술 확보가 필수적이다. KSR-Ⅲ의 개발 기술을 바탕으로 액체 추진제 우주로켓을 국내에서 독자적으로 개발할 날도 멀지 않았다.

스페이스십원에 사용한 하이브리드 로켓

고체 추진제 로켓의 단점을 개량해 추력을 조절할 수 있도록 새로 고안된 로켓이 바로 하이브리드 로켓(hybrid rocket)이다. 연료를 고체로 만들어 로켓 모터 케이스 속에 채워 넣고 고체 추진제의 중앙 부분에 액체 산화제를 분사시켜 연소시키는 방법으로서 현재 개발 중이다.

이 로켓은 고체 연료에 분사하는 액체 산화제의 양에 따라 추력의 크기를 조절할 수 있으며, 산화제의 공급을 중지시킴으로써 연소도 중지시킬 수 있다.

개발 중인 로켓 중 가장 큰 것은 미국 로켓 회사(American Rocket Co.)에서 개발 중인 AMROC U-900으로서 4만 5,000kgf의 추력을 발할 수 있으며, 그동안 수차례의 지상 연소 시험을 성공적으로 마쳤다. 또 2004년 10월에 100km까지 상승하는 데 성공한 스페이스 십원(SpaceshipOne)호도 추력

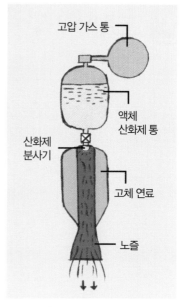

하이브리드 로켓의 구조

7,500kgf의 하이브리드 로켓을 이용해 우주까지의 비행에 성공했다. 하이브리드 로켓은 연료로 탈수산화부타디엔(HTPB), 산화제로 액체 산소와 이산화질소 등을 사용한다.

로켓비행기의 등장

1947년 10월 14일 미국의 척 예거(Charles Elwood Yeager)는 로켓 시험 비행기 '벨 X-1'을 조종해 처음으로 초음속 비행을 했다. 즉, 소리의 속도(지상에서 초속 340m)보다 빠르게 비행한 것이다. 또 1957년 5월 15일에는 X-1 비행기가 2만 2,265m까지 상승하는 기록도 세웠다.

기구보다는 22년 늦게 20km의 높이에 올라간 것이다.

X-1 시험 비행기는 B-29의 날개 밑에 매달려서 6km까지 올라가서 분리되어 떨어지며 로켓

엔진을 점화하고 다시 12.8km까지 상승한 후 내려오면서 가속해 음속을 돌파했다. 또 X-1 비행기를 개량한 X-15A를 이용해 1963년 7월 10일에는 106.01km까지 상승하여 로켓 비행기로 우주의 경계선인 100km를 돌파하는 기록을 세웠다. 그리고 한 달 뒤인 8월 22일에는 107.96km까지 상승하는 기록을 세웠다.

X-15A는 B-52의 날개에 매달려 에드워드 공군 비행장을 이륙해 13.716km까지 상승한 후 그곳에서 모선과 분리된 다음 조종사 조지프 (Walker Joseph)가 로켓엔진을 점화하여 계속 상승한 후 지상에 내려온 것이다. 즉, B-29나 B-52가 로켓의 1단 역할을 해 준 것이다.

X-15와 비슷한 개념으로 우주왕복선을 제외하고 가장 높이 올라간 기록은 2004년 10월 4일에 미국의 스케일드 콤퍼지츠사에서 개발한 스페이스십원호를 타고 비니(Brian Binnie)가 112km까지 올라간 것이다. 스페이스십원호는 버트 루탄이 개발한 쌍발 제트기의 몸체 아래에 부착되어 15.250km까지 상승한 후 모선에서 분리된다.

그리고 스페이스십원호에 장착된 하이브리드 로켓엔진을 이용해 112km까지 올라갔다가 내려온 것이다(07. 첫 민간 우주선인 스페이스십원 참조). 이렇게 로켓엔진을 이용한 비행기들은 100km 이상의 우주까지 올라갈 수 있다. 제트엔진은 공기 중의 산소를 사용해 연료를 태워서 힘을 만들어 내기 때문에 산소가 희박한 30km 이상까지 올라가는 것은 불가능하지만, 로켓엔진은 연료와 함께 산소도 가지고 있기 때문에 산소가 없는 곳에서도 작동할 수 있어서 초고공이나 우주에서 비행기나 우주선을 움직이게 하는 것이다.

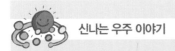

X-1, X-15 로켓 비행기

X-1 로켓 비행기는 길이 9.4m, 날개 길이 8.5m, 높이 3.3m이며, 이륙할 때의 최대 무게는 5,557kg이다. 또 액체 산소와 알코올을 이용해 680.4kgf의 추력을 발하는 액체 추진제 엔진(XLR-11-Rm3) 4개를 장착했다.

X-15A 로켓 비행기는 길이 15.5m, 날개 길이 6.8m, 높이 4.12m이며, 이륙할 때의 최대 무게는 1만 5,420kg이다. 또 액체 산소와 암모니아를 이용해 2만 5,855kgf의 추력을 발하는 XLR99-RM-2 액체 엔진을 장착했다. 연소 시간은 90초이고, 비추력은 239초이다.

X-15 로켓 비행기의 비행 모습

04

구소련의 첫 위성 발사와 유인우주비행

인공위성의 원리와 첫 인공위성

인공위성의 원리

인공위성이 되어 지구를 돌려면 수평 방향으로의 비행 속도가 초속 7.8km는 되어야 한다. 이런 속도로 지구를 비행하면 약 90분에서 100분이면 지구를 한 바퀴 돌 수 있다. 즉, 1시간 30분이면 지구를 한 바퀴 돈다. 무척 빠른 속도이다. 공기가 있는 대기권에서 이렇게 빠른 속도로 비행을 하게 되면 공기와의 저항에 의한 마찰 때문에 비행기나 우주선의 표면 온도가 높이 올라가서 녹아 버리므로 비행이 불가능하다. 현재 지상에서 가장 빠른 속도로 비행할 수 있는 비행기는 미국의 정찰기인 SR-71인데, 1976년 7월에 26km의 고공에서 시속 3,529km로 비행한 기록을 가지고 있다. 약 초속 0.98km의 속도이다. 대기권에서 제트 엔진을 이용한 비행의 속도는 이 정도가 한계인 것이다. 더 빠른 속도로 움직이기 위해서는 공기가 아주 희박해서 저항이 거의 없는 200km 이상의 고공에서 비행해야 한다.

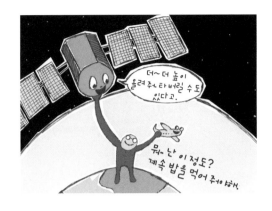

인공위성의 발사는 다단계 로켓으로 비행 속도를 증가시키면서 비행 고도도 높여야 한다. 지상에서 발사할 때는 수직으로 발사한 후 1단과 2단을 이용해 속도와 고도를 높이고, 3단 로켓을 이용해 인공위성이 지구를 도는 데 필요한 최종 속도를 만들어 궤도에 진입시키는 것이다.

인공위성의 궤도

지구에서 발사된 물체가 지구를 회전할 수 있을 정도의 충분한 속도가 되면 인공위성이 되어 지구를 회전하며 궤도를 만든다. 이때 일반적으로 타원 궤도가 만들어진다. 궤도는 높이에 따라 2,000km 미만인 궤도를 저궤도라고 하며, 2,000km에서 3만 6,000km 사이를 중궤도, 그리고 3만 6,000km를 정지궤도라고 한다. 표 3과 같이 정지궤도에서는 지구를 일주하는 데 하루가 걸린다. 즉, 지구의 자전과 인공위성이 지구를 도는 것이 같기 때문에 지구에서 위성을 보면 정지해 있는 것처럼 보여서 붙인 이름이다. 이 정지궤도의 위성은 지상과 24시간 통신이 가능하기 때문에 우리가 이용하므로 아주 편리하여 통신위성, 기상위성, 방송위성으

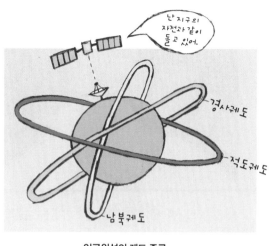

인공위성의 궤도 종류

로 많이 사용되고 있다. 아파트 창가에 다는 위성접시는 바로 정지궤도에 떠 있는 통신방송위성을 향하고 있는 것이다.

인공위성의 비행 궤도면이 적도와 만드는 궤도각에 따라 적도궤도, 경사궤도, 남북궤도로 나뉜다. 적도궤도는 적도와 궤도면이 만드는 각도가 0° 인 경우이며, 경사각이 90° 인 경우를 남북궤도라고 한다. 그리고 적도궤도와 남북궤도 사이의 궤도를 경사궤도라고 한다. 2006년에 한국항공우주연구원에서 발사한 아리랑 2호 위성은 남북궤도를 도는 탐사위성이다.

궤도의 높이에 따른 속도와 한 바퀴 도는 데 걸리는 시간, 즉 주기는 표 3과 같다.

〈표 3〉 높이에 따른 인공위성 속도와 주기

궤도 높이(km)	회전 속도(km/sec)	주기(분)
100	7.9	90
1,600	7.2	120
6,400	5.6	255
19,200	4	720
36,000	3.04	1,440(1일)

비행기는 비행하는 동안 계속해서 엔진을 작동시켜야 한다. 그러나 인공위성은 궤도에 진입할 때까지만 로켓엔진을 작동시키고 궤도에 진입한 후에는 로켓엔진의 작동 없이 관성으로 비행한다. 인공위성이 지구 저궤도에 진입해 지구를 회전할 때 지구가 인공위성을 잡아당기는 힘인 구심력과 인공위성이 지구를 돌면서 밖으로 튕겨 나가려는 힘인 원심력의 크기가 같아진다. 따라서 한번 지구를 회전하는 인공위성이 되면 추가적인 로켓엔진의 작동 없이 관성에 의해 지구를 계속해서 회전하게 된다. 그러나 관성으로 비행하는 인공위성이지만 궤도 중 지구와 가까운 근지점이 낮아지면 거기에 공기가 조금 있어서 비행을 할수록 속도가 떨어지게 되고, 결국은 근지점이 100km 미만으로 떨어지면서 지구 대기권에 들어와 타 버리게 되는 것이다. 만일 인공위성의 궤도가 충분히 높다면 수십 년, 수백 년씩 계속해서 지구를 돌 수도 있다.

첫 인공위성인 스푸트니크 1호

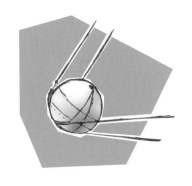

세계 최초의 인공위성은 1957년 10월 4일에 발사된 구소련의 스푸트니크 1호이다. 크기는 직경 58cm, 무게 83.6kg이며, 4개의 긴 안테나를 달고 있었다. R-7 우주로켓에 의해 발사되어 지구에서 가까운 근지점이 215km, 지구에서 먼 원지점이 939km인 타원 궤도를 96분에 한 번씩 회전했다. 그리고 발사한 지 3달 만인 1958년 1월 4일까지 지구를 회전하다가 지구 대기권으로 들어와 타 버려 수명을 다했다.

　첫 위성을 발사한 지 한 달 뒤에 구소련은 무게 508kg의 스푸트니크 2호에 개를 태워 발사했다. 비록 지구로 다시 귀환하지는 못했지만 생명체를 실은 우주선을 발사해 우주를 비행하는 우주선에서 생명체가 생존할 수 있다는 것을 첫 번째로 보여 준 것이었다. 미국은 그때 첫 인공위성도 발사하지 못했는데, 구소련은 벌써 우주인을 우주로 보내기 위한 각종 준비를 하고 있었던 것이다.

　미국도 드디어 무게 13kg의 소형 인공위성인 익스플로러 1호를 첫 위성이 발사된 지 4달 뒤인 1958년 1월 31일에 발사했다. 그렇지만 미국의 첫 인공위성을 발사한 우주로켓의 규모는 구소련과 큰 차이가 있었다. 첫 인공위성을 발사한 구소련의 R-7 로켓은 발사될 때의 총 무게가 267톤이었다.

　그러나 익스플로러 1호를 쏘아 올린 미국의 첫 우주로켓 주피터-C는 총 무게가 28.5톤이었고, 1962년에 미국 최초의 1인승 머큐리 유인 우주

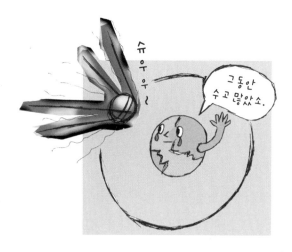

선을 발사한 아틀라스-D 우주로켓은 총 무게가 118톤이었으니, 구소련의 R-7 우주로켓은 주피터-C보다는 10배가량 그리고 아틀라스-D 우주로켓보다도 2배 이상 큰 우주로켓이었다. 구소련은 우주개

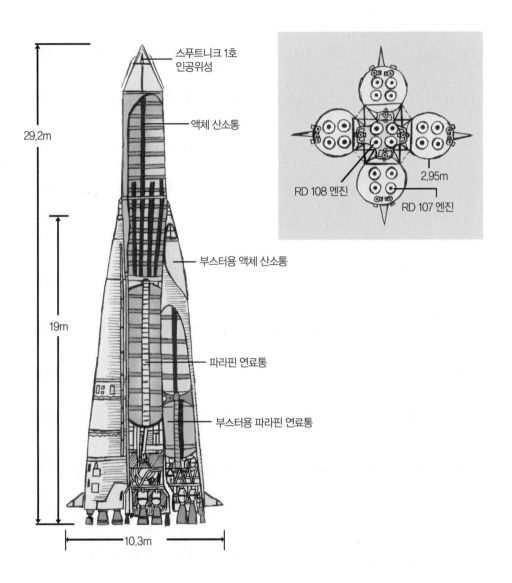

29.2m

스푸트니크 1호
인공위성

액체 산소통

부스터용 액체 산소통

19m

파라핀 연료통

부스터용 파라핀 연료통

10.3m

2.95m

RD 108 엔진

RD 107 엔진

세계 첫 인공위성인 스푸트니크 1호를 발사한 R-7 우주로켓

발을 시작할 때부터 유인 우주선을 우주로 발사할 수 있는 규모의 초대형 우주로켓을 가지고 있었다. 즉, 우주개발의 초기에 구소련이 미국을 앞섰던 가장 큰 이유는 바로 큰 우주로켓을 개발해 사용할 수 있었기 때문이다. 1960년 8월 19일에 구소련은 개 2마리와 쥐 40마리를 태운 무게 4,600kg의 동물 우주선 스푸트니크 5호를 우주로 발사한 뒤 하루 만에 무사히 귀환시켰다. 드디어 생명체를 첫 번째로 우주 비행시킨 뒤 무사히 귀환시킨 것이다.

우주를 첫 비행하고 지구로 돌아온 개인 벨카와 스트렐카는 그 후에 귀여운 강아지까지 낳았다. 그리고 1960년 12월 1일에도 또 다른 개 2마리를 스푸트니크 6호에 태워 안전하게 우주 비행을 시켰다. 그 후 1961년 3월 25일에는 최종적으로 스푸트니크 10호에 개 한 마리를 태워 우주 비행을 함으로써 유인 우주 비행의 안전성을 종합적으로 점검했다. 즉, 우주인을 우주로 보낼 준비를 완료한 것이다.

드디어 1961년 4월 12일, 가가린을 태운 첫 유인 우주선 보스토크(Vostok) 1호가 발사되었다. 인류가 우주를 비행하는 시대가 시작된 것이다. 구소련이나 미국이나 첫 우주선은 1인승이었다. 혼자서 우주를 비행하는 것은 위험하기도 하고 무섭기도 했겠지만, 처음에 유인 우주선을 발사할 때는 로켓의 규모나 우주선의 안전 문제 등을 고려해 작은 규모의 1인승 우주선을 개발했던 것이다.

우주선

첫 유인 우주선인 보스토크호

우주선의 구조

가가린이 처음 승선한 보스토크 1호의 캡슐은 무게 4,725kg에 길이 4.4m, 직경 2.43m인데 앞부분에는 안테나가 있었고, 뒤에는 우주비행사가 탑승하는 공 형태의 캡슐이 있었으며, 그 뒤에 원뿔형의 기계실이 달려 있었다.

그리고 직경 2.3m의 공처럼 생긴 캡슐에 우주인이 탑승했다. 캡슐에는 직경 107cm의 둥근 출입구가 있어서 발사 전에 이곳으로 탑승했고, 지구에 착륙할 때에도 이곳을 통해 사출좌석에 누워 밖으로 탈출했다. 또 우주 비행을 한 후에 귀환할 때에도 우주인은 이 캡슐에 타고 돌아왔다. 캡슐 속은 우주인이 우주복을 입고 사출좌석에 무릎을 굽히고 누

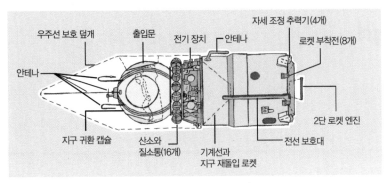

자세 조정 추력기(4개)

우주선 보호 덮개 출입문 전기 장치 안테나 로켓 부착전(8개)

안테나

2단 로켓 엔진

지구 귀환 캡슐 산소와 질소통(16개) 기계선과 지구 재돌입 로켓 전선 보호대

세계 첫 유인 우주선인 보스토크의 구조

워서 발사되도록 설계되었다. 그리고 캡슐 속에는 음식 저장고, 통신 장치, 과학 실험 기구가 있었고, 우주선에는 밖을 볼 수 있는 작은 창문과 출입구가 있었다. 캡슐의 외부는 열 방어 보호막으로 덮여 있어서 재진입 시 열을 흡수하면서 태워지게 설계되었다.

캡슐의 아래쪽에는 기계실이 있었는데, 캡슐과 4개의 금속 띠로 묶여 있었다. 기계실은 길이가 2.25m, 최대 직경은 2.43m의 원뿔형이었는데, 무게는 2.27톤이었다. 기계실에는 우주비행사가 우주 비행을 하는 동안 생명 유지에 필요한 산소와 질소 가스가 실려 있었고, 지구로 귀환할 때 대기권에 재진입하도록 비행 속도를 늦추는 데 필요한 역추진 로켓이 달려 있었다.

발사

보스토크 우주선의 발사에는 보스토크 로켓(8K72K)을 이용했다. 보스토크 로켓은 R-7 로켓을 개량한 것으로서 모양은 4개의 추력 보강용 로켓이 1단 로켓의 주위에 붙어 있었으며, 1단 로켓 위에 2단 로켓이,

그리고 그 위에 보스토크 우주
선이 올려져 있었다. 추력 보강
용 로켓은 직경이 2.68m, 길이
가 19m, 무게가 43.3톤이었다.
엔진은 액체 산소와 등유를 추
진제로 사용해 8만 900kgf의 추
력을 발생시키는 RD-107(8D-
74) 엔진을 118초 동안 작동했
다. 또 1단 로켓엔진은 RD-

보스토크 1호의 발사 장면

108(8D-75)로 9만 3,000kgf의 추력을 301초 동안 발생시켰다.

1단 로켓의 직경은 2.99m, 길이는 28m였으며, 무게는 100.4톤이었
고, 발사할 때 1단 로켓과 추력 보강용 로켓 추력의 합은 416.6톤이었
다. 그리고 1단 로켓의 위에는 코스버그 설계국에서 개발한 추력
5,560kgf의 RD-0109 엔진을 달았는데 직경은 2.56m, 길이는 2.84m였
으며, 무게는 7.775톤이었다. 2단 로켓 위에는 보스토크 우주선이 올라
갔다. 우주선을 포함한 전체의 높이는 35.24m, 최대 직경은 10.3m, 발
사할 때의 전체 무게는 286.1톤이었다.

보스토크 로켓은 추력 보강용 로켓과 1단 로켓의 변경 없이 1960년
이후 지금까지 45년 이상 계속 사용되고 있는 세계 최장수 우주로켓이
다. 이것은 다른 나라의 로켓과는 달리 발사할 때 추력 보강용 로켓과 1
단 로켓의 엔진에 지상의 발사대에서 불씨를 이용해 점화시키는 방법
을 사용했다.

귀환

우주 비행을 마치고 지구로 귀환할 때는 기계실의 끝에 붙어 있는 추력 1.61톤의 역추진 로켓을 이용했다. 역추진 로켓은 산화제로 사산화질소와 접촉할 때 자동적으로 점화되는 아민 계통의 연료가 사용되어 점화 신뢰성을 높였다. 이 로켓을 45초 동안 작동시켜 궤도 비행 속도를 줄인 후 우주선이 지구의 대기권에 재돌입하게 했다. 혹시 역추진 로켓이 점화에 실패했을 경우에도 대기와의 저항에 의해 10일 이내에 자동적으로 우주선의 속도가 줄어들어 지구로 귀환할 수 있도록 보스토크 우주선을 낮은 궤도에 진입시켰다.

역분사 로켓을 분사해 지구 대기권의 재진입에 성공하면 곧이어 캡슐과 기계선을 분리시킨다. 구소련의 유인 우주선이 지구 귀환을 한 곳은 바다가 아닌 육지였는데, 육지에 우주선이 착륙할 때의 충격을 줄이기 위해 중간에 우주인이 귀환 캡슐에서 탈출해 낙하산으로 착륙하고 캡슐은 캡슐대로 낙하산을 펴고 별도로 지구에 착륙하는 방법을 이용했다.

캡슐이 성공적으로 대기권을 통과하면 지상 7km 상공에서 사출좌석에 앉은 채 캡슐에서 탈출하여 낙하산을 펼치고 초속 5m의 속도로 착륙하는 것이다. 마치 비행 중 고장 난 전투기에서 조종사가 긴급 탈출을 하듯이 캡슐에서 탈출하는 것이다. 우주비행사

시각	진행 내용
4월 8일	구소련 정부는 러시아의 180~230km의 궤도를 90분간 우주 비행하는 첫 유인 우주 비행을 승인
4월 10일 저녁	첫 유인 우주비행사로 유리 가가린을, 그리고 후보 비행사로 티토프(Titov)를 선정
4월 11일 02~04시	보스토크 우주선과 조립된 로켓이 발사대로 이동
4월 12일 02시 30분	우주비행사 가가린과 티토프 기상
03시 50분	버스 편으로 가가린과 티토프가 발사대에 도착(발사대로 가는 동안 가가린의 표정은 몹시 긴장되어 있었다.)
04시 10분	가가린이 보스토크 1호 우주선에 탑승. 지상국과 연결되는 통화 장치의 스위치를 켰다.
04시 50분~05시 10분	우주선의 출입문에 이상이 생겨 수리 작업
06시 7분	구소련의 카자흐 공화국에 있는 바이코누르 우주 기지에서 발사(그림의 1)
06시 9분	1단 로켓과 추력 보강용 로켓 분리 성공(T+119s, 그림의 2)
06시 10분	우주선 보호용 껍질이 우주선에서 분리(T+156s, 그림의 3)
06시 12분	2단 로켓이 분리되고 3단 로켓 점화(T+300s, 그림의 4)
06시 17분	3단 로켓의 연소가 끝나고 10초 후 우주선에서 분리되면서 169km의 궤도에 진입(T+676s, 그림의 5)
06시 21분	지구의 그림자 속으로 들어감(우주선이 지구 궤도를 회전하면서 지구의 밤 지역으로 들어가는 것)
06시 49분	미국 위를 비행
07시 2분	모스크바 방송국에서 보스토크 1호 발사를 공식적으로 발표
07시 9분	지구의 그림자 지역에서 벗어남
07시 25분	착륙 지점에서 8,000km 떨어진 지점에서 지구의 재진입용 역분사 로켓 점화(그림의 6)
07시 35분	보스토크 캡슐을 타고 지구로 귀환하다가 우주비행사가 캡슐에서 탈출해 낙하산을 폄(그림의 13, 14)
07시 55분	유리 가가린이 세계 최초로 우주 비행을 마치고 사라토프(Saratov) 지역의 엔젤(Engels)에서 남서쪽으로 26km 떨어진 지점에 무사히 착륙(T+1시간 48분, 그림의 17)

가 탈출한 빈 캡슐도 지상 2.5km에서 주 낙하산을 펼치며 지상에 착륙한다. 1961년 4월에 있었던 보스토크 1호의 세계 첫 우주 비행 과정은 다음과 같다.

구소련은 1960년 20명의 우주 비행사를 선발해 훈련을 시켰는데, 그중에는 테레시코바라는 여자 우주비행사 후보도 있었다. 그녀는 1963년 6월 16일에 보스토크 6호를 타고 우주 비행을 한 세계 최초의 여자 우주인이 되었다. 보스토크 6호는 2일 22시간 50분 동안 지구를 48회전했으므로 1시간 48분 동안 지구를 한 번 회전한 보스토크 1호에 비해 괄목할 만한 성공을 거두었다.

우주복이 필요 없는 보스호트 우주선

우주선의 구조

보스토크 우주선을 여섯 차례 발사해 유인 우주선 발사에 자신을 얻은 구소련은 더 많은 사람을 태운 우주선 발사를 준비하고 있었는데, 이는 보스토크 우주선을 개량해 여러 명의 우주인을 태워 발사하는 것이었다. 따라서 보스호트(Voskhod) 우주선은 보스토크 우주선의 내부를 개량해 3명까지 탑승할 수 있게 제작되었다. 그리고 지구 귀환용 캡슐에 고체 역분사용 로켓을 부착해 지상에 착륙할 때의 충격을 줄였다. 이 우주선의 무게는 5,300kg으로 보스토크 우주선보다 600kg 정도 무거웠다.

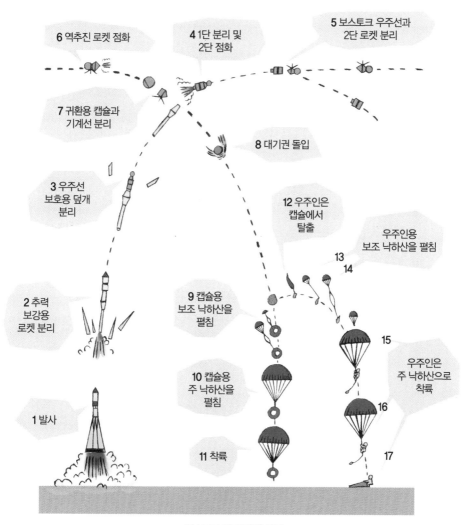

6 역추진 로켓 점화

4 1단 분리 및 2단 점화

5 보스토크 우주선과 2단 로켓 분리

7 귀환용 캡슐과 기계선 분리

8 대기권 돌입

3 우주선 보호용 덮개 분리

12 우주인은 캡슐에서 탈출

우주인용 보조 낙하산을 펼침

13
14

2 추력 보강용 로켓 분리

9 캡슐용 보조 낙하산을 펼침

15

우주인은 주 낙하산으로 착륙

10 캡슐용 주 낙하산을 펼침

16

1 발사

11 착륙

17

보스토크 1호의 비행 과정

보스호트 우주선의 발사는 보스토크 로켓을 개량한 보스호트 로켓 (11A57)으로 했다. 이 로켓의 모양은 보스토크 로켓보다 좀 더 길었다. 또 추력 보강용 로켓은 직경이 2.68m, 길이가 19m, 무게가 43.4톤이었다. 그리고 엔진은 액체 산소와 케로신을 추진제로 사용해 10만 1,600kgf의 추력을 발하는 RD-107-8D74K 엔진 4개를 119초 동안 작동시켰다.

1단 로켓엔진은 RD-108(8D-75K)로 9만 6,100kgf의 추력을 301초 동안 발생시켰다. 이 1단 로켓의 직경은 2.99m, 길이는 28m, 무게는 100.5톤이었다. 그리고 1단 로켓의 위에는 코스버그 설계국에서 개발한 추력 3만 kgf의 RD-0108 엔진을 달았는데, 무게는 24.3톤이었다.

2단 로켓 위에는 보스호트 우주선이 올라갔다. 보스호트 로켓은 추력 보강용 로켓과 같고, 1단 로켓은 보스토크 로켓과 같으며, 2단 로켓은 코스버그 연구소에서 제작한 RD-461 엔진을 장착해 3만 kgf의 추력을 240초 동안 발생시키도록 개량한 것이었다. 로켓의 전체 높이는 44.9m이였으며, 발사할 때의 무게는 298.4톤이었다.

보스호트 1호는 3명의 우주인을 태우고 1964년 10월 12일에 발사되었다. 178km의 궤도에 진입해 1일 17분 동안 지구를 16회전하고 무사히 착륙했다. 로켓의 추력 등을 고려해 우주선의 무게를 줄이기 위해서인지 우주인들은 우주복을 입지 않고 우주 비행을 했다. 착륙은 낙하산을 펴고 직접 내려오다가 지면 근처에서 역추진 로켓을 발사해 충격을 줄였지만, 실제로 착륙 충격은 무척 컸을 것으로 추정된다. 왜냐하면 보스토크 우주선을 조금 개량해 3명을 태운 우주선이기 때문이다.

보스호트 2호는 2명의 우주비행사를 태우고 1965년 3월 18일에 발사되어 우주 비행을 하는 도중에 우주비행사 레오노프(A.A. Leonov)가 우주선 밖으로 나와 20분 동안 처음으로 우주 산책을 했다. 인류가 우주에서 처음으로 우주선 밖으로 나간 것이다. 물론 우주선 밖으로 나갈 때에는 우주복을 입고 나갔다.

안전한 우주선인 소유스호

우주선의 구조

보스호트 1호에는 3명의 우주인이 탑승했으나 2명을 탑승시키기에 알맞은 우주선이었다. 구소련의 본격적인 3인승 우주선은 소유스(Soyuz) 우주선이다. 첫 소유스 우주선은 1967년 4월 23일에 최초로 발사되었다. 물론 귀환할 때 문제가 생겨 첫 우주 비행을 한 우주인은 사망했으나 지금도 사용되고 있으며, 2008년 4월에 한국의 첫 우주인을 싣고 발사될 예정인 소유스 우주선은 지난 40년 동안 사용되고 있는 우주선 시스템으로서 현재로는 가장 안전한 우주선이다. 소유스 우주선

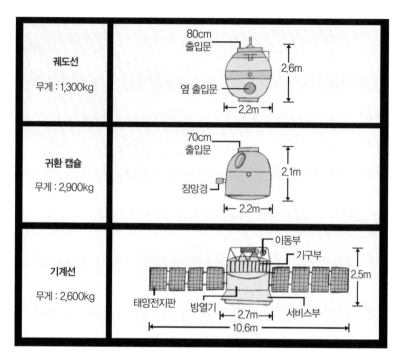

소유스 TM 우주선의 구조

은 40회 사용되었고, 소유스 T로 개량되어 15회 그리고 소유스 TM으로 개량되어 34회 사용되었으며, 현재는 최신형인 TMA가 2002년 10월 30일부터 사용되고 있다.

소유스 TMA 우주선은 최신형으로서 좀 더 안락하게 비행할 수 있게 소유스 TM 우주선을 개량한 것인데, 전체 길이 7.2m, 평균 직경 2.2m, 무게 7톤의 최신형 우주선이다. 그리고 소유스 TMA 우주선은 크게 궤도 모듈, 귀환 캡슐, 서비스 모듈의 세 부분으로 나뉘어 있다. 궤도 모듈은 지름 2.2m, 길이 2.6m의 타원형 공처럼 생겼고, 우주에서 우주정거장과 도킹할 수 있도록 직경 80cm의 도킹 포트가 앞쪽에 있으며, 뒤쪽에는 직경 70cm의 귀환 캡슐과 통하는 통로가 있고, 무게는 1.2톤이다. 궤도 모듈에는 화장실과 식량 공급 시설이 있으며, 밖을 볼 수 있는 직경 15cm 크기의 둥근 창문이 있다. 여기는 지구 궤도에서 우주 비행을 하는 동안에 우주인들이 주로 머무는 장소이다. 궤도 모듈은 소유스 우주선이 발사되어 지구 궤도에 진입한 이후 우주정거장과 도킹하기 전까지 사용되며, 지구로 귀환할 때는 분리한 후 버린다.

귀환 캡슐은 지름 2.2m, 길이 2.1m의 원추형이며, 무게는 2.9톤으로 궤도 모듈 바로 뒤에 붙어 있다. 여기에는 궤도 모듈과 연결되는 직경 70cm의 통로와 기밀문이 있다. 발사할 때와 지구로 귀환할 때 우주인 3명까지 이곳에 탑승할 수 있다.

우주선의 비행 상태를 알려 주는 계기판과 조종하는 핸들, 귀환용 낙하산, 귀환할 때 우주선의 내부 고온을 냉각시켜 주고 건조시켜 주는 장치, 가속도 측정기, 각종 비행을 기록하고 측정하는 장치, 특수 계산기, 생명 유지에 필요한 물품, 건전지 그리고 3명의 우주인이 앉을 수 있은 특수의자가 여기에 설치되어 있다. 특수의자는 우주인이

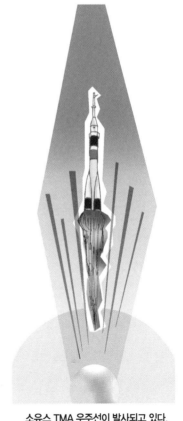

소유스 TMA 우주선이 발사되고 있다.

다리를 웅크리고 누운 상태에서 발사되고 귀환되도록 설계되어 있으며, 지상에 착륙할 때와 발사될 때의 충격을 흡수할 수 있도록 스프링으로 캡슐과 연결되어 있다. 귀환 캡슐은 지구 대기권을 통과할 때 발생하는 고열에 견딜 수 있도록 표면이 복합 재료로 만들어져 있으며, 밑바닥에는 6개의 소형 로켓이 장착되어 있어서 지상에 착륙하기 직전에 작동되어 착륙 충격을 줄여 준다.

귀환 캡슐에는 랑데부와 도킹할 때 외부를 볼 수 있는 잠망경과 직경 15cm의 둥근 창문이 각각 1개씩 있다. 세계 최초의 우주인인 유리 가가린은 키가 164cm여서 발사 때 우주비행사가 앉는 좌석(발사될 때 우주비행사가 좌석에 앉아 있는 모습은 누운 상태이다.)의 크기는 크지 않았지만 소유스 TM에는 180cm 정도 키의 우주비행사도 탑승이 가능하다.

서비스 모듈은 귀환 캡슐 뒤에 붙어 있는데 길이 2.5m, 지름 2.2m의 원통형 모양이고, 무게는 2.9톤이다. 이 모듈에는 궤도 변경이나 자세를 제어할 때 사용되는 작은 로켓, 지구로 돌아올 때 사용되는 역추진 로켓, 추진제 통이 들어 있다. 또 지구와의 통신 장치, 산소 및 컴퓨터 시스템도 여기에 있다.

모듈의 겉에는 양쪽으로 가로세로 1m의 태양전지판 4장이 붙어 있는데, 이 태양전지판을 펼쳤을 때 전체의 폭은 10.6m가 된다. 발사될 때는 접고 우주 궤도에 진입한 이후 펼친다. 궤도를 비행하는 동안 우주선에서 필요한 전기를 이 태양전지판이 생산한다. 발사될 때 우주인은 궤도선의 옆에 있는 출입구로 들어가서 통로를 통해 귀환 모듈로 내려오는 방법으로 우주선에 탑승한다.

소유스 우주로켓은 1967년부터 개발되어 지금까지 40년 동안 계속 사용되고 있다. 추력 보강용 로켓과 1단 로켓은 보스호트 로켓과 동일하며, 2단 로켓에는 진공 추력 3만 kgf짜리 KB KhA의 RD-0124 엔진이 사용된다. 연소 시간은 300초이다. 2단 로켓의 직경은 2.66m, 길이는 6.74m, 무게는 25.2톤이다. 우주로켓 전체의 길이는 49.3m, 발사될 때의 무게는 309톤이다.

발사 준비 과정

시각	중요 진행 내용
발사 34시간 전	소유스 우주로켓의 연료 충전 준비
발사 6시간 전	부스터 로켓에 배터리 부착
발사 4시간 20분 전	우주인이 우주복을 입기 시작
발사 4시간 전	부스터 로켓에 액체 산소 충전
발사 3시간 40분 전	우주비행사 대표단 면회
발사 3시간 5분 전	우주비행사들이 발사대로 이동
발사 3시간 전	1단 로켓과 2단 로켓에 산화제와 연료 충전 완료
발사 2시간 35분 전	우주비행사들이 소유스 우주로켓에 도착
발사 2시간 30분 전	3명의 우주비행사들이 궤도 모듈의 옆문을 통해서 소유스 우주선의 귀환 캡슐에 탑승
발사 2시간 전	우주비행사들이 귀환 캡슐에 탑승 완료
발사 45분 전	발사대의 서비스 구조물들 넘어짐
발사 7분 전	사전 발사 준비 완료
발사 6분 15초 전	발사 자동 프로그램 작동 시작
발사 2분 30초 전	부스터 로켓, 1단 로켓 추진제 통 가압 시작
발사 10초 전	엔진 터보펌프 가동
발사 5초 전	부스터 로켓, 1단 로켓 엔진 최대 추력

발사 후 우주정거장과 도킹하기까지

시각	중요 진행 내용
발사 0초 전	소유스 우주로켓 이륙
발사 1분 10초 후	로켓의 비행 속도는 초속 500m
발사 1분 58초 후	부스터 로켓 4개 분리
발사 2분 후	로켓의 속도가 초속 1.5km로 가속됨
발사 2분 40초 후	비상탈출 로켓 탑과 발사 보호 덮개 분리
발사 4분 58초 후	1단 분리, 2단 점화
발사 7분 30초 후	비행 속도는 초속 6km
발사 9분 후	2단과 소유스 우주선 분리 후 200~250km의 지구 궤도에 진입해 약 90분에 한 번씩 지구를 회전
첫째 날, 궤도비행 1회	궤도에 진입하면서 태양전지판, 안테나, 도킹 탐침 등을 전개해 작동시킴
첫째 날, 궤도 비행 2회	우주선의 모든 시스템을 점검한다. 그리고 지구를 출발한 지 2시간 후에는 귀환 모듈과 궤도 모듈 사이의 문을 열고 궤도 모듈로 나가서 우주복을 벗고 한 번에 한 사람씩 궤도 모듈을 교대로 사용한다. 이때에 우주에서 첫 휴식을 취하거나 화장실을 사용하고 식사를 한다.
첫째 날, 궤도 비행 3회	로켓엔진을 점화해 속도를 점진적으로 높여 가며 우주정거장을 향해 이동하기 시작함
첫째 날, 궤도 비행 5회	우주복을 깨끗이 정리함
첫째 날, 궤도 비행 6~12회	취침
둘째 날, 궤도 비행 16회	즐거운 점심시간
둘째 날, 궤도 비행 17회	다음 날에 있을 국제우주정거장과의 랑데부를 위해 소유스 우주선을 정확하게 위치시키려고 로켓엔진을 한 번 더 가동함
둘째 날, 궤도 비행 20회	우주에서 맞이하는 첫 자유 시간
둘째 날, 궤도 비행 22~27회	취침

셋째 날, 궤도 비행 29~30회	자유 시간
셋째 날, 궤도 비행 31회	국제우주정거장과 도킹할 때 발생할 수 있는 비상사태에 대비해 우주비행사가 소콜(Sokol) 우주복을 입고 귀환 모듈로 들어간 후 궤도 모듈과 연결된 출입문을 잠그고 국제우주정거장과 자동 랑데부 준비
셋째 날, 궤도 비행 34~35회	지상 350km를 회전하고 있는 국제우주정거장에 접근해 도킹에 성공한 뒤 소유스 우주선과의 도킹 면이 완벽한지를 점검하고 기밀 상태를 확인한 다음 80여 분 뒤에 궤도 모듈을 통해 우주정거장의 거주 모듈로 이동한 후 소콜 우주복을 벗는다.

＊국제우주정거장은 2007년 1월 현재 근지점 323km, 원지점 355km의 타원 궤도를 적도와 51.6°
경사지게 돌고 있다.

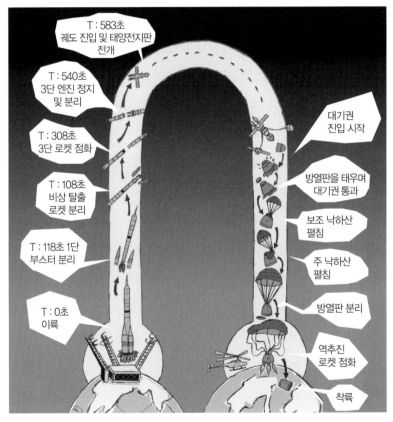

소유스 우주선의 발사와 귀환 과정

국제우주정거장(ISS)에서 보통 6일 동안 생활한 후 일정을 마친 우주 비행사는 오랫동안 근무한 우주비행사와 교대하기 위해 전의 우주 비행에서 타고 올라왔던 소유스 우주선을 타고 지상으로 내려가게 된다.

귀환

국제우주정거장에서 생활하던 우주비행사들은 지구로의 귀환을 위해 소유스 우주선으로 옮겨 탄다. 우주복을 차려입은 우주비행사들은 지구로의 귀환을 위해 우주선의 해치를 닫고 각 시스템을 점검하며, 마지막으로 궤도선에 있는 화장실에 다녀온다. 그 후 소유스 우주선은 지구 귀환 3시간 30분 전에 국제우주정거장에서 분리된 뒤 도킹 구멍의 손상 여부를 확인하기 위해 우주정거장의 주위를 몇 번 선회한다. 귀환 3시간 17분 전, 소유스 우주선은 반동 조종 시스템의 추진기를 점화해 우주정거장에서 부드럽게 떨어진다.

귀환 54분 전에는 지구 재진입을 시작하기 위해 수동으로 주 추진 시스템을 4분 동안 점화시킨다. 그리고 착륙 26분 전에는 궤도선에서 우주비행사 3명이 탑승한 귀환용 캡슐이 분리된다. 착륙 23분 전에는 소유스 우주선이 상층 대기권에 마하 24(음속의 24배)의 속도로 진입한다. 캡슐의 바닥이 가열되기 시작하면 외부에 전리기체(plasma)가 생성되기 시작한다. 하늘은 갈색처럼 보이다가 오렌지색으로, 그러고는 노랑색으로 변한다. 캡슐의 밑바닥은 계속 연소되고 있다. 캡슐은 대기와 세차게 충돌하는데, 그때 대단히 큰 소리가 난다. 캡슐 외부의 백열

광은 좀 누그러지고, 창문의 차폐 장치(shield)는 떨어져 나가 버리며, 용해된 우주선의 창문틀은 벗겨져 떨어진다. 착륙 15분 전에 2개의 조종 및 감속용 낙하산을 펼쳐 낙하 속도를 초속 236m에서 80m로 줄인다. 그리고 주 낙하산을 펼쳐 낙하 속도를 초속 7.3m로 줄인다.

낙하산이 퍼질 때의 충격을 예상하기는 하지만 충격이 크지는 않으며, 낙하산이 펼쳐지는 과정에서 앞뒤로 대여섯 번 정도 흔들리면서 회전한 뒤에 안정된다. 소유스 캡슐이 카자흐스탄의 지면에서 8m 위까지 내려왔을 때 6개의 연착륙 로켓을 점화시켜 낙하 속도를 초속 1.5m로 감속시킨다. 우주비행사들은 착륙에 대비해 긴장하지만 충격을 못 느낄 정도로 살며시 지면에 착륙하고, 캡슐은 옆으로 쓰러진다.

캡슐은 몇 번인가 더 움직인 뒤에 완전히 멈춘다. 그리고 달려온 지상 요원들에 의해 캡슐은 똑바로 세워지고, 주위에 우주비행사가 밖으로 쉽게 나올 수 있도록 간단한 구조물이 세워진다. 우주비행사들이 지상 요원들의 도움을 받으며 캡슐에서 나온다.

우주정거장과의 분리 후 착륙하기까지

시각	진행 내용
착륙 3시간 20분 전	지상 350km의 우주정거장과 소유스 우주선을 잡고 있던 후크를 열자 소유스 우주선이 초당 10cm씩 멀어지기 시작한다.
착륙 3시간 17분 전	소유스 우주선이 우주정거장에서 20m 정도 떨어졌을 때 우주선의 로켓엔진을 점화해 15초 정도 작동시켜 우주선이 우주정거장에서 떨어지게 한다.
착륙 54분 전	소유스 우주선이 우주정거장에서 19km 정도 떨어졌을 때 21초 동안 역추진 로켓엔진을 작동시켜 비행 궤도에서 낙하를 시작한다.

착륙 26분 전	귀환 캡슐 앞에 붙어 있는 궤도 모듈과 뒤에 붙어 있는 기구 및 추진 모듈과 분리한 후 대기권에 돌입하기 시작한다.
착륙 23분 전	고도 122km에 도달. 대기권에 재돌입하게 시작하며, 대기와의 마찰에 의해 우주인이 큰 압박을 받으면서 화염 속을 통과한다. 몇 분 동안은 지상과의 통신이 끊어진다.
착륙 15분 전	직경 5.5m짜리 낙하산 2개를 펼쳐 초당 230m의 낙하 속도를 초당 80m로 줄인다.
착륙 10분 전	직경 36m의 주 낙하산을 펼쳐서 낙하 속도를 초속 7.3m로 줄인다.
착륙 2초 전	연착륙을 위해 6개의 소형 역추진 로켓을 점화시켜 지상 80cm 위에서 낙하 속도를 초속 1.5m로 줄이면서 살며시 착륙한다.
착륙 0초 전	카자흐스탄 발사장의 북방 60km 지점의 초원 지대에 큰 충격 없이 무사히 정확하게 착륙한다.

착륙한 뒤 10여 분 뒤에 근처에서 대기하고 있던 지상 구조 팀이 캡슐에 도착해 캡슐을 똑바로 세우고 우주비행사가 밖으로 쉽게 나올 수 있게 캡슐의 주위에 간이 받침대를 세운다. 지상 구조 요원의 부축을 받으며 우주비행사들이 캡슐 밖으로 나오면 2명의 지상 요원이 우주비행사들을 안아서 준비해 놓은 의자에 앉힌다.

사진 촬영이 끝나고 잠시 후 주변을 비행하고 있던 헬리콥터가 도착해 우주비행사들을 태우고 발사장으로 되돌아가서 건강을 체크한 뒤 비행기로 스타 시티로 되돌아온다.

우주왕복선

한 번만 비행한 부란 우주왕복선

  미국이 우주왕복선 개발에 몰두하고 있을 즈음 구소련도 비슷한 형태의 왕복선을 개발하고 있다는 것이 밝혀졌다. 구소련의 우주로켓 발사장인 바이코누르 기지 근처에 큰 활주로가 건설되는 것이 미국의 정찰 위성에 찍혀 그 증거가 포착되었던 것이다. 우주왕복선의 착륙용 활주로를 발사장 근처에 건설하는 것은 왕복선을 재발사하기에 편리하기 때문이다. 구소련은 이와 같은 사실을 비밀에 붙인 채 개발 작업에 열중하고 있었다.

우주왕복선의 구조

  에네르기아-부란 우주왕복선의 구조는 에네르기아 로켓에 비행기

특수차량에 실려 발사대로 이동하는 부란과 에네르기아 로켓

형태의 우주왕복 궤도선이 붙어 있는 형태였다. 에네르기아 로켓은 가운데의 핵심 로켓을 중심으로 4개의 추력 보강용 로켓이 사방으로 붙어 있는 형태였다.

중심의 핵심 로켓은 직경이 7.7m, 길이가 59m의 거대한 원통형 통이었는데, 두 부분으로 구성되어 있었다. 위쪽에는 602.3톤의 액체 산소가 채워졌으며, 아래쪽에는 액체 수소 100.7톤이 채워져 발사될 때의 총 무게는 776.2톤이었다. 그리고 추진제 통 아래에는 무게 3,450kg짜리 4개의 RD-0120 엔진이 부착되어 있었다.

한 개의 RD-0120 엔진은 지상에서 15만 4,700kgf의 추력을 발생시켰으므로 모두 61만 8,800kgf의 추력을 450초 동안 만들어 내었다. 또 핵심 로켓의 주위에 붙어 있는 4개의 추력 보강용 로켓은 제니트(Zenit)라는 우주발사체의 1단 로켓을 개량한 것으로서 전체 높이는 40m, 지름은 4m였다. 추진제로는 액체 산소 222톤과 케로신 86톤이 사용되었으며, 발사 때의 총 무게는 354톤이었다. 엔진은 RD-170이 사용되었는데, 지상 추력은 75만 5,000kgf였다.

에네르기아 로켓은 발사될 때의 추력이 363만 9,200kgf이나 되는 거대한 로켓이었다. 그리고 에네르기아-부란 우주왕복선의 발사 때의 총 무게는 2,400톤이었다. 궤도선은 길이 36.4m, 최대 날개폭 24m, 높이 16.5m였으며, 10명의 승무원을 탑승시킬 수 있었다. 또 궤도선의 무게는 105톤이었으며, 30톤의 화물을 싣고 발사되어 20톤의 화물을 싣고 내려올 수 있게 설계되었다.

궤도선은 귀환할 때 최대 1,650℃의 고열에서도 견딜 수 있도록 3만 9,000장의 타일이 겉 표면에 부착되었다. 궤도선의 뒤쪽에는 추력 8.8kgf의 17D12 엔진 2개가 부착되어 있어서 궤도선이 지구 궤도에 진입할 때와 귀환할 때 이용되었다. 그리고 궤도선의 자세를 조종하는 추력 377gf의 추력기 38개가 앞뒤에 부착되어 있었다.

발사

구소련은 1987년 5월 15일에 첫 에네르기아 로켓을 성공적으로 발사했다. 그리고 이것은 곧 우주왕복선 발사 실험에 들어갈 것임을 암시하는 것이었다. 미국의 우주항공 주간지인 『항공주간』 1988년 3월 28일자에는 구소련의 우주왕복선에 대한 자세한 예측 설계도가 발표되었다. 나중에 구소련이 발표한 우주왕복선 사진과 비교해 보면 미국 정보의 정확성에 감탄하지 않을 수 없다.

부란의 발사 광경

1988년 6월 초순에 구소련의 바이코누르 우주 발사장을 방문한 미국 기자들은 구소련의 우주왕복선 계획에 대한 질문을 했다. 이 질문에 대해 구소련 우주비행사 출신인 티토프 장군은 "아직 공개할 정도로 준비는 안 되었지만 당신네들(미국) 것과 똑같이 생겼다."고 말해 구소련의 우주왕복선도 미국의 것과 비슷한 모양이라는 것이 알려졌다.

몇 달 뒤인 1988년 10월 29일에 구소련은 '부란(Buran : 눈보라)' 이라는 첫 번째 무인 우주왕복선을 발사한다고 발표했다. 그러나 발사 50초 전에 이상이 발견되어 이를 수리한 후 보름 뒤인 11월 15일 새벽 6시에 부란은 에네르기아 로켓에 실려 성공적으로 발사되었다.

부란은 발사 후 지구를 두 바퀴 선회한 다음 바이코누르 발사장 근처에 있는 길이 4,500m의 전용 활주로에 무선 자동 조종으로 착륙했다. 착륙 속도는 시속 340km로, 미국의 우주왕복선과 비슷했다.

비행 과정

구소련의 우주왕복선 부란은 첫 무인 비행 이후 또다시 비행하지는 않았다. 부란은 로진스키 박사가 설계해서 개발되었는데, 경제적인 문제 때문에 한 번만 비행하고 폐기 처분된 데 대해 로진스키 박사는 2003년에 91세로 사망할 때까지 늘 가슴 아파했다. 제작된 부란 중 1대는 현재 모스크바 고리키 공원의 식당 옆에서 전시장으로 이용되고 있다. 이렇듯 미국과 구소련의 무리한 우주개발 경쟁은 구소련의 경제가 파산되는 데에도 큰 역할을 했던 것이다.

시각	진행 내용
발사	4개의 추력 보강용 로켓과 핵심 로켓을 점화해 바이코누르 발사장에서 이륙했다.
발사 2분 45초 후	고도 80km에서 추력 보강용 로켓과 분리되어 발사장으로부터 400km 떨어진 지점에 낙하했다.
발사 8분 6초 후	고도 180km에서 핵심 로켓과 궤도선 분리, 발사장으로부터 1만 9,000km 떨어진 지점에 낙하했고, 궤도선은 엔진을 점화시켜 지구 저궤도에 진입했다. 지구를 2바퀴 선회한 뒤 고도 100km에서 지구 재진입용 로켓을 분사했다. 고도 360m 시속 550km로 착륙 고도 20m 시속 385km로 착륙
발사 206분 후	1,620m를 활주해 바이코누르 발사장 근처의 활주로에 자동 착륙했다.

러시아의 미래
우주왕복선인 클리퍼

2004년 2월 17일에 소유스 우주선을 대체할 우주왕복선 클리퍼 (Kliper)가 모스크바에서 처음 발표되었다. 2006년 9월 23일에는 러시아, 독일, 프랑스의 정상들이 독일에서 정상회담을 갖고 공동으로 차세대 우주왕복선 클리퍼를 개발하기로 논의했다.

구조

2006년에 결정된 클리퍼호는 귀환 모듈, 서비스 및 거주 모듈 그리고 응급 회수 시스템 모듈의 3개 모듈로 구성되어 있다. 귀환 모듈(RV)은 무게 9,200kg이며, 극초음속 글라이더와 원뿔 형태의 승무원실로 구성되어 있다. 승무원실에는 2명씩 3조로 6명이 탑승할 수 있도록 의자가 배치되어 있고, 양옆에는 작은 창문이 4개 달려 있어서 밖을 구경

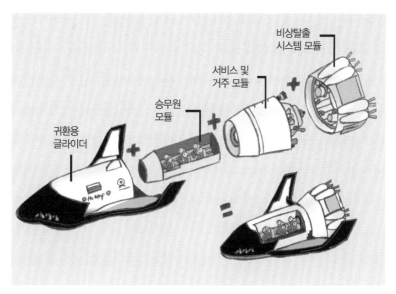

비상탈출
시스템 모듈

서비스 및
거주 모듈

승무원
모듈

귀환용
글라이더

클리퍼 우주선의 구조

할 수 있다. 둥근 탑승문은 뒤쪽에 있다. 서비스 거주 모듈(SHM)은 무게가 4,800kg으로서 소유스 우주선의 궤도 모듈과 비슷한 형태이다. 이 모듈에는 추진 시스템이 포함되어 있어서 우주정거장과의 랑데부 및 도킹할 때 이용되고, 우주정거장에서 분리되기 위해 역추진 로켓을 분사할 때에도 이용된다. 이 모듈의 제일 뒷부분에는 도킹 포트가 있어서 우주정거장과 도킹할 때는 이 부분으로 하며, 반대쪽은 귀환 모듈과 연결되어 있다. 이 모듈은 대기권에 재돌입할 때 귀환 모듈과 분리되어 대기권에 돌입하면서 태워진다.

응급 회수 시스템(ERS) 모듈은 3,300kg으로서 서비스 거주 모듈의 뒷부분을 감싸고 있다. 우주선이 궤도에 진입할 때 필요에 따라 추진 시스템으로 사용될 수 있으며, 발사될 때 문제가 발생하면 승무원 비상탈출용 추진 시스템으로 사용될 수 있다. 이 모듈도 궤도에 진입할 때 분리되어 대기권에서 태워 버린다.

클리퍼의 전체 길이는 12m, 몸통의 평균 직경은 3.9m, 최대 날개폭은 8m이다. 승무원실의 체적은 20m³이고, 무게는 14톤이며, 탑재물은 500kg이다. 귀환할 때의 무게는 300kg의 화물을 포함해서 10톤 정도의 무게를 개발 목표로 한다.

귀환할 때는 서비스 거주 모듈의 로켓을 분사시켜 비행 속도를 떨어뜨린 후 1,200km를 비행할 예정인데, 대기권을 통과한 다음에 시속 500km의 속도로 낙하한다. 그리고 낙하산을 이용해 비행 속도를 더 줄

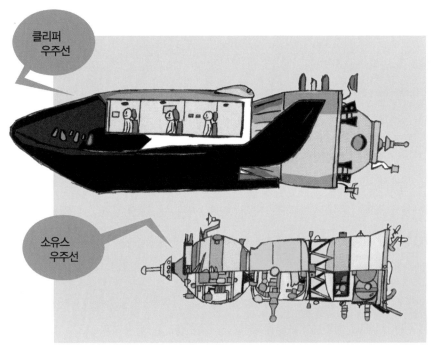

클리퍼와 소유스 우주선의 크기 비교

인 다음 활주로에 비행기처럼 착륙시킬 계획이다.

클리퍼는 390km의 궤도에서 5일간 비행할 수 있으며, 수명은 15년 동안 60회 정도 재사용하는 것이 개발 목표이다. 발사 로켓은 제니트-2나 앙가라 3A, 신형 소유스 3 로켓을 발사에 활용할 예정이다.

개발 계획

예정대로 개발이 진행되면 2013년에 무인 비행을 실시하고, 2014년에 첫 유인 비행을 계획하고 있다. 2016년부터는 5대의 클리퍼가 우주 정거장을 왕복 비행할 계획이다. 프랑스의 기아나 우주센터에 건설되고 있는 러시아 소유스 발사대에서도 발사가 가능할 것이다.

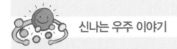

무중력 상태

우주비행사들이 우주선을 타고 우주 비행을 하는 광경을 보면 물건을 들고 있다가 손을 놓아도 계속 공간에 떠 있는 것을 볼 수 있다. 지구에서는 모든 물건이 지구 중심 쪽으로 떨어진다. 그러나 우주선 속에서는 물건이 떨어지지 않고 공간 속에 멈춰 있다. 우리는 이러한 장면을 보고 우주는 무중력 상태인 것으로 착각하게 된다.

지구를 회전하는 우주선이나 인공위성은 지구에서 잡아당기는 힘과 우주선의 회전 운동에 의해서 밖으로 뛰쳐나가려는 힘이 같아져서 무중력 상태가 만들어지는 것이다.

우주에 무중력인 곳은 없다. 무중력 상태는 지구를 도는 우주선이나 달, 다른 행성으로 비행하는 우주선에서만 생기는 것이다.

지구 상에서는 비행기를 이용해서 45°로 상승하다가 엔진을 끄면 관성에 의해 상승하다가 떨어지는데, 이때 약 25초간 무중력 상태가 만들어진다. 우주비행사들은 이러한 비행기를 타고 무중력 상태 적응 훈련을 받게 된다.

05

미국의
유인우주비행

바다로 내려오는 머큐리 우주선

우주선의 구조

1961년 5월 5일, 미국은 첫 인공위성을 발사한 주피터 C 로켓을 개량한 레드스톤 로켓 위에 우주선 프리덤 7호를 싣고 우주비행사 셰퍼드(Alan B. Shepard)를 태워 우주로 보냈다. 이는 미국 최초의 유인 우주선 발사였다. 셰퍼드는 15분간 지속된 탄도 비행을 통해서 미국도 비행사를 태운 유인 우주선이 우주 공간에서 비행할 수 있다는 것을 보여 주었다. 그리고 구소련의 보스토크와는 달리 우주선을 타고 바다에 안전하게 착수했다.

셰퍼드가 탑승한 머큐리 캡슐은 종 모양으로 생겼는데 높이가 2.76m에 바닥 직경은 1.85m, 체적은 1.7m³였다. 발사될 때의 무게는 1,935kg이었는데, 추진제도 219kg 실었다. 따라서 보스토크 1호보다

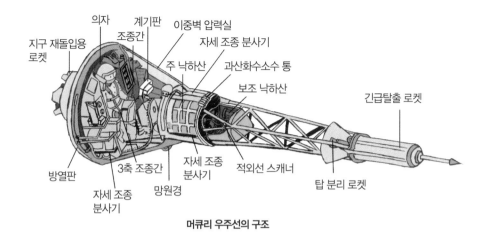

머큐리 우주선의 구조

는 1/3 가벼운 우주선이었다.

　미국의 우주인들은 머큐리 캡슐이 너무 작아서 농담으로 우주인이 우주선에 타는 것이 아니라 우주인이 우주선을 입는다고 말할 정도였다. 우주인이 우주복을 입고 다리를 오므리고 누운 형태로 캡슐에 탑승해 발사되었고, 우주 비행을 마친 후에도 이 자세로 지상으로 낙하산을 펼치고 내려왔다.

　캡슐의 앞부분에는 낙하산과 우주선의 자세 조종용 연료가 있었다. 그리고 그 앞에는 긴급탈출용 비상 로켓이 있었다. 캡슐의 아래쪽 바닥은 융제용의 열 보호막으로 덮여 있었으며, 대기권 재진입용 고체 추진제 역추진 로켓은 열 보호막에 붙어 있었는데, 재진입 직전에 분리되었다.

　머큐리는 보스토크와 달리 우주비행사가 직접 조정했다. 캡슐 내부의 우주비행사 앞면에는 100여 개의 계기와 스위치가 설치되어 있어서 우주선의 방위와 위치, 환경과 통신 상태 등이 표시되었으며, 조종할 수 있게 되어 있어서 전투기 조종석 같았다. 가운데 부분에 밖을 볼 수 있는 잠망경이 있었고, 캡슐의 창문은 첫 번째 우주선만 둥그런 창문이었고 나머지는 직사각형의 창문이었다.

머큐리 캡슐은 비행기의 조종간과 닮은 조이스틱으로 우주선의 여러 부분에 위치한 10개의 자세 제어용 분사 로켓에서 과산화수소 가스를 분사시켜 조절하고 바꿀 수 있게 되어 있었다. 출입구는 우주인이 탑승한 후 폭발용 볼트로 고정시켰다. 바다에 착수한 이후나 발사될 때 로켓이 고장 나서 비상탈출을 해야 하면 스위치를 눌러 폭발시켜서 출입구를 열 수 있게 되어 있었다.

발사

머큐리 우주선의 발사에는 레드스톤 로켓과 아틀라스 로켓이 이용되었다. 지상 150km까지 올라갔다가 내려오는 탄도 비행을 한 초기의 두 머큐리 우주선은 레드스톤 로켓이 이용되었고, 지구 궤도를 우주 비행한 머큐리 우주선은 성능이 훨씬 좋은 아틀라스 로켓이 이용되었다.

귀환

착수 22분 전에 역추진 로켓을 발사시켜 60초 뒤 역추진 로켓 등 귀환용 기구를 머큐리 캡슐에서 분리시켰다. 그리고 잠시 후 대기권에 돌입했다. 그러나 비행 속도가 초속 7km 이상으로 무척 빨랐기 때문에 대기권에 돌입하면서 공기와의 마찰 때문에 우주선의 온도가 1,650℃까지 상승해 캡슐 내부는 39.4℃까지 올라갔다. 따라서 바다에 착수하기 12분 전에는 4분 동안 지상과의 통신도 끊어지는 아주 위험한 상태가 되었다. 만일 우주선에 틈이라도 생기면 고열이 우주선 속으로 스며들어 우주선 속의 우주비행사에게 치명적인 상황이 될 판이었다.

먼저 착수 6분 전 6,400m 상공에서 지름 2m짜리 보조 낙하산을 펼쳐 낙하 속도를 시속 32km로 줄였다. 그리고 착수 5분 전에 3,000m 상공에서 직경 19m의 주 낙하산을 펼치고 바다로 착수했는데, 이때의 속

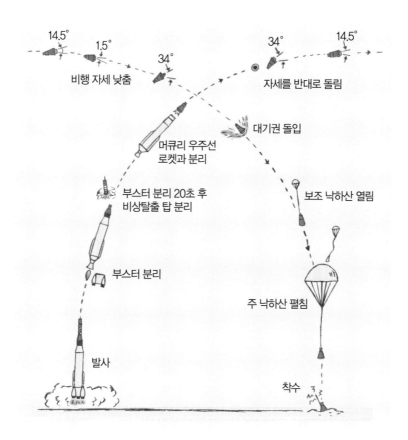

14.5°
1.5°
비행 자세 낮춤
34°
34°
자세를 반대로 돌림
14.5°

머큐리 우주선
로켓과 분리
대기권 돌입

부스터 분리 20초 후
비상탈출 탑 분리
보조 낙하산 열림

부스터 분리

주 낙하산 펼침

발사

착수

머큐리 우주선의 비행 과정

도는 초속 9.1m였으며, 10g에 해당되는 착수 충격을 완화하기 위해 자동차의 에어백과 비슷한 완충 백을 펼쳐 충격을 줄였다.

머큐리 우주선은 발사될 때 1,935kg, 궤도를 비행할 때 1,355kg, 바다에 떨어져 회수될 때는 1,098kg이 나갔다. 이렇게 각각 무게가 다른 이유는 발사될 때는 각종 짐(산소, 연료)들이 많이 채워져 있었기 때문이다.

미국의 진정한 첫 우주 비행은 1962년 2월 20일에 글렌(John H. Glenn)을 태우고 발사된 우정 7호에 의해서 이루어졌다. 아틀라스 로켓으로 157km의 지점에서 궤도에 진입한 우정 7호는 88분 30초 만에 지구를 일주했다. 이 우주 비행은 4시간 55분 23초 동안 지구를 3회전하고 대서양에 착수했다. 우주 비행 중 우주비행사 글렌이 받은 최대 G값은 7.7이었으며, 1인승 머큐리 우주선은 이후에도 세 차례 더 발사되었다. 그 후 1963년 5월 15일에 발사된 신의 7호는 34시간 19분 49초 동안 지구를 22회전했다.

쌍둥이 우주선인 제미니

　1인승 우주선인 머큐리 계획을 성공리에 완수한 미국은 곧이어 제미니(Gemini) 계획을 세웠다. 제미니 계획은 2명의 우주비행사가 탑승해 우주에서의 장기간 비행, 궤도 변경 비행, 우주에서 두 우주선끼리의 접근(랑데부) 및 결합(도킹)하기, 우주 산책 등의 실험을 하기 위한 것으로서 모두 12번의 비행 계획이 세워졌다.

우주선의 구조

　제미니 우주선의 길이는 대략 5.73m였고, 직경은 3.05m였으며, 체적은 2.55m³였고, 무게는 3.85톤이었다. 이 우주선은 크게 재돌입 모듈과 어댑터 모듈로 되어 있었다. 재돌입 모듈, 즉 캡슐은 최대 높이 368cm, 최대 직경 228cm였다.

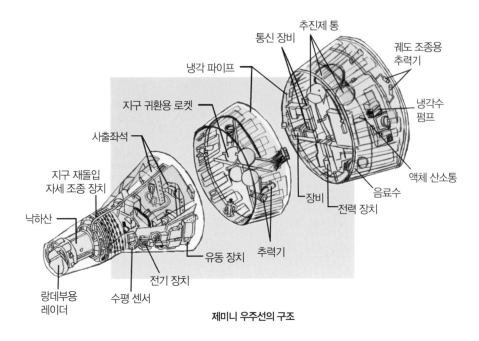

추진제 통

통신 장비

궤도 조종용
추력기

냉각 파이프

냉각수
펌프

지구 귀환용 로켓

사출좌석

지구 재돌입
자세 조종 장치

액체 산소통

낙하산

음료수

장비

전력 장치

랑데부용
레이더

유동 장치

추력기

전기 장치

수평 센서

제미니 우주선의 구조

어댑터 모듈에는 역추진 로켓과 방향 조정 로켓, 연료전지, 산소·질소통 등이 들어 있었다. 그리고 재돌입 모듈에는 제미니 우주선이 다른 우주선과 우주에서 결합하기 위한 장치, 선실 내의 압력과 온도를 유지시켜 주는 생명 보존 시스템, 우주선과 우주비행사의 상태를 일일이 기록하고 수집해 지구로 송신하는 장치들, 우주에서의 랑데부와 도킹 그리고 지구 재돌입을 위한 유도·제어 장치가 컴퓨터와 함께 설치되어 있었다.

제미니 우주선의 특징은 연료전지를 처음 이용해 우주 비행에 필요한 전기를 만들어 사용했다는 점이다. 처음에는 우주 비행 중 고장을 일으켜서 문제가 생기기도 했다. 이 연료전지는 산소와 수소를 이용해서 1~2W의 전력을 만들면서 부산물로 물이 만들어졌기 때문에 우주

비행에는 필수품이 되었다. 따라서 그 후의 아폴로 우주선과 지금의 우주왕복선에도 연료전지가 사용되고 있다. 유인 우주선은 액체 산소와 액체 수소를 갖고 다니면서 연료전지의 연료로 사용하기도 하고, 액체 산소는 기화시켜 우주선 내의 산소로 사용한다.

발사

제미니 우주선을 발사하는 데 사용된 로켓은 미 공군에서 대륙간탄도유도탄용으로 개발한 타이탄(Titan) II호 로켓이었다. 타이탄 II 로켓은 2단계 액체 추진제 로켓이었다.

1단 로켓의 높이는 21.4m, 직경은 3m였고, 2단 로켓의 높이는 5.8m, 직경은 1단 로켓과 같았다. 5.8m의 제미니 우주선을 합한 전체의 높이는 33m였다.

산화제는 1, 2단 로켓 모두 사산화이질소(N_2O_4)가 사용되었고, 연료는 에어로진(Aerozine) 50이 사용되었다. 에어로진 50은 비대칭 디메틸히드라진

타이탄 II 우주로켓이 제미니 6호 우주선을 발사하는 장면

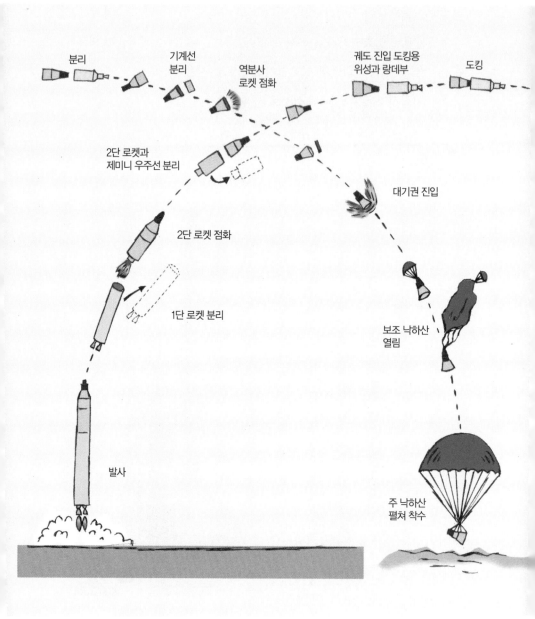

분리

기계선
분리

역분사
로켓 점화

궤도 진입 도킹용
위성과 랑데부

도킹

2단 로켓과
제미니 우주선 분리

2단 로켓 점화

1단 로켓 분리

발사

대기권 진입

보조 낙하산
열림

주 낙하산
펼쳐 착수

제미니 우주선의 비행 과정

(UDMH)과 히드라진 (N₂H₄)을 1:1로 섞은 연료이다.

에어로진 50과 사산화질소를 연료와 산화제로 사용하는 로켓엔진은 점화기가 필요 없다. 왜냐하면 에어로진 50과 사

제가 바로 제미니 4호의 화이트 비행사 입니다.

제미니 4호의 화이트가 우주 유영을 하고 있다

산화이질소는 서로 접촉만 해도 연소되는 접촉성 추진제이기 때문이다. 이 추진제는 점화가 확실히 되고 상온에서의 저장이 편리해 주로 미사일의 추진제로 많이 사용되었지만, 추진제의 성능이 좀 떨어지고 유독한 것이 흠이다.

산화제로 액체 산소, 연료로 액체 수소를 사용하는 로켓은 발사가 연기되거나 또는 미사일처럼 장기간 보관하게 되면 액체 산소의 기화력이 커서 로켓의 산화제 탱크에 넣고 보관하는 것이 불가능하므로 별도로 보관했다가 로켓이 발사되기 몇 시간 전에 다시 채워 넣어야 하는 큰 불편을 겪어야 한다. 그러나 접촉성 추진제는 상온에서의 보관에 별 문제가 없어서 타이탄 로켓의 추진 장치를 간단하게 설계할 수 있었다.

1단 로켓은 추력이 19만 4,000kgf인 LR-87-7 엔진을 2개 사용해 156초 동안 작동했으며, 2단 로켓은 추력이 4만 5,400kgf인 LR-91-7 엔진 1개를 사용해 180초 동안 작동했다. 제미니 우주선을 포함한 로켓의 총무게는 150톤이었다. 발사 후 145초 만에 5,791m에 도달해 2단과 분리

제미니(왼쪽)와 아폴로 우주선(오른쪽)에 사용한 연료전지

되었고, 325초 만에 152km에 도달해 제미니 우주선과 타이탄 로켓이
분리되면서 궤도에 진입했다.

귀환

　제미니 12호의 경우를 보면 착수 34분 전에 추력 1,100kgf의 역추진
고체 모터 4개를 분사해 지구로의 귀환을 시작했다. 15km 상공에서 직
경 2.4m의 저항 낙하산(drogue parachute)을 펼쳤고, 3,230m 상공에서
직경 5.5m의 보조(pilot) 낙하산을 펼쳐 낙하 속도를 줄였다. 그리고 2.5
초 후 직경 25.6m의 주 낙하산을 펼쳐 35°각도로 바다에 착수했다.

레드스톤과 아틀라스 로켓

미국은 우주개발을 위해 이미 군에서 개발해 놓은 미사일을 우주로켓으로 개조해서 사용했다. 우선 중거리탄도탄(IRBM)인 레드스톤을 미국의 첫 인공위성인 익스플로러 1호의 발사와 1인승 우주선인 머큐리 우주선의 탄도 비행을 위해 사용했다. 그리고 아틀라스 대륙간탄도탄(ICBM)을 머큐리 우주선의 궤도 비행을 위해 사용했다. 타이탄 II 대륙간탄도탄은 2인승 제미니 우주선의 발사를 위해 개량 사용되었다.

케네디 우주센터에 전시되어 있는
레드스톤과 아틀라스 로켓

레드스톤 로켓

레드스톤 로켓은 1단 로켓으로서 직경 1.78m, 길이 20m였으며, 무게 28.4톤이었다. 엔진은 알코올과 액체 산소를 이용해 3만 6,428kgf의 추력을 155초 동안 발생시키는 A6이었다. 미국의 첫 인공위성인 익스플로러 1호를 1958년 1월 31일에 발사한 로켓을 개량해 자유 7호와 자유종 7호의 머큐리 우주선을 탄도 비행시키는 데 사용되었다.

아틀라스 로켓

아틀라스 로켓은 레드스톤 로켓보다 4배 이상 무거운 로켓이다(로켓이 무겁다는 것은 로켓 무게의 90%가 추진제이므로 추진제를 더 많이 실었다는 것으로서 성능이 그만큼 더 좋다는 것과 같은 뜻이다). 또 대륙간탄도탄으로 개발된 로켓으로서 추력 보강용 로켓이 달린 1단형 로켓이다. 직경은 3.05m, 추력 보강용 로켓엔진은 2개였는데 각각 6만 8,367kgf의 추력을 발생시키는 LR89 엔진을 사용해 135초 동안 작동했다. 1단 로켓의 주 엔진은 추력 2만 5,920kgf이 발생되는 LR105 엔진이 303초 동안 작동했다. 이륙할 때의 총 추력은 16만 2,000kgf였으며, 전체 무게는 116.1톤이었다. 로켓의 길이는 20.5m였으며, 우주선을 포함한 전체의 높이는 29m였다.

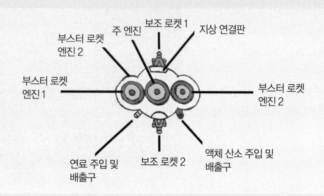

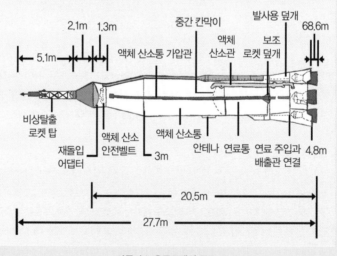

아틀라스 우주로켓의 구조

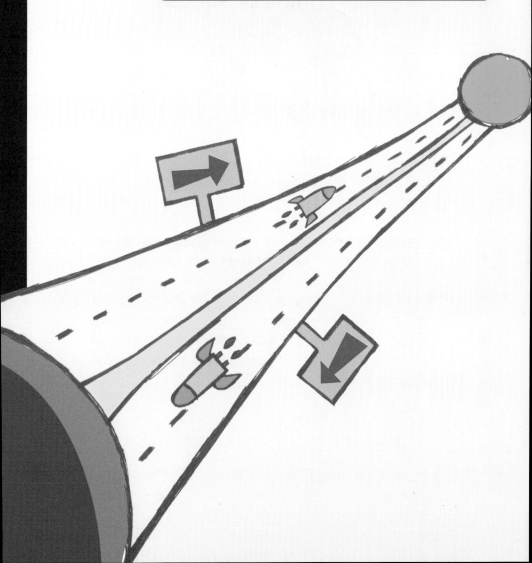

06

미국의 우주왕복선

　　지금까지 설명한 우주선들은 모두 수직으로 발사되어 지구 궤도에 진입해 우주 비행을 하고 귀환용 캡슐만 지상으로 내려온다. 미국의 아폴로, 제미니, 머큐리 캡슐은 바다로 낙하산을 펴고 내려왔고, 구소련의 소유스, 보스토크, 보스호트 그리고 중국의 선저우는 지상으로 낙하산을 펴고 내려왔다. 발사될 때는 수백, 수천 톤의 로켓에 실려 발사되었다가 5톤 정도 크기의 작은 캡슐만 되돌아오는 것이다. 이렇게 한 번만 사용하는 우주선이 비효율적이라고 생각한 과학자들이 여러 번 재사용할 수 있으면서 귀환할 때 비행기처럼 활주로에 착륙하는 멋있는 우주선을 고안하게 되는데, 이것이 바로 우주왕복선(Space Shuttle)의 탄생 아이디어이다.

 구조

우주왕복선은 비행기처럼 생긴 궤도선(orbiter)과 외부 탱크(external tank) 그리고 2개의 고체 추진제 추력 보강용 로켓(SRB : solid propellant rocket booster)으로 구성되어 있다.

궤도선

궤도선은 우주선 역할을 하는 곳으로서 지상과 우주를 여러 번 갔다 왔다 한다. 제일 마지막으로 제조된 인데버의 크기는 길이 37.24m, 높이 17.25m, 날개폭 23.79m, 무게 68.6톤이며, 전후방 자세 제어용 연료를 채웠을 때의 무게는 88톤으로 늘어난다. 짐을 싣는 화물칸의 길이는 18.3m, 지름은 4.6m이며, 최대 25톤의 짐을 실을 수 있다. 2006년 12월에 발사된 디스커버리호의 발사 때의 궤도선과 화물의 무게는

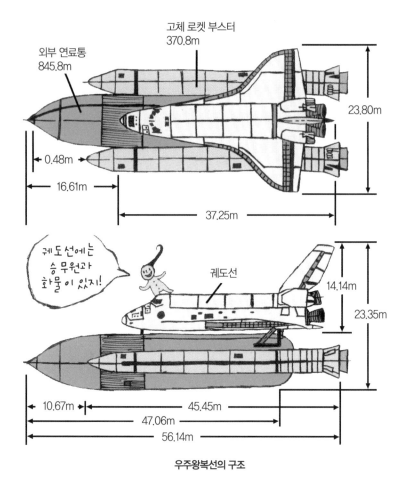

고체 로켓 부스터
370.8m

외부 연료통
845.8m

23.80m

0.48m

16.61m

37.25m

궤도선에는
승무원과
화물이 있지!

궤도선

14.14m

23.35m

10.67m

45.45m

47.06m

56.14m

우주왕복선의 구조

120.4톤이었지만, 지구로 돌아올 때의 무게는 102톤이었다. 비행기처럼 생긴 궤도선의 앞부분에는 승무원이 탑승하는데, 7명까지 탑승할 수 있게 설계되었다. 승무원은 조종사 1명, 선장 1명, 비행 임무 전문가 1명, 탑재물 전문가 1명, 기타 3명의 승객이나 기술자가 탑승한다.

승무원실은 2층 구조로 되어 있는데, 창문이 있는 위층이 비행 조종실로서 우주왕복선의 궤도 비행, 대기권 재진입, 화물칸의 화물 이동,

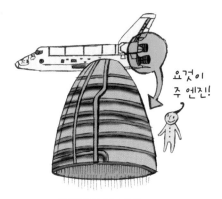

요것이 주 엔진!

우주왕복선의 주 엔진

착륙 등을 제어할 수 있는 각종 계기판들이 놓여 있으며, 일반 여객기와 비슷한 모양을 하고 있다. 발사될 때와 지구에 재돌입할 때 이곳에는 4명이 탑승하며, 나머지 인원은 아래층에 탑승한다. 아래층에는 화장실, 침실, 식당 및 조리 시설 그리고 각종 창고가 있다. 승무원실의 공기는 질소와 산소를 혼합해 지상과 똑같은 대기압으로 만들어 놓았기 때문에 승무원들은 우주복을 입지 않고도 지낼 수 있다.

우주왕복선에서 필요한 전기는 연료전지에서 공급되는데, 연료전지는 액체 산소와 액체 수소를 이용하기 때문에 전기와 함께 물도 생산되며, 이 물은 승무원들의 식수나 음식물을 만드는 데, 그리고 화장실용으로 쓰인다.

궤도선의 뒷부분에는 주 엔진(SSME : space shuttle main engine)이 3개 부착되어 있다. 주 엔진은 우주왕복선이 발사될 때 외부 탱크에 채워져 있는 추진제인 액체 산소와 액체 수소를 태워서 밀어 올리는 힘을 만드는 곳이다. 각 엔진이 100%의 성능에서 18만 5,450kgf의 추력을 생산해 낸다. 그러나 이 엔진은 추력의 크기를 최소 65%에서 최대 100.9%까지 바꿀 수 있다.

우주왕복선이 이륙할 때는 100%의 추력으로 이륙을 한 후 6.5초 후 109%까지 올린다. 그리고 1분 후에는 67%로 줄인다. 한 번의 발사에서 주 엔진의 작동 시간은 8분 30초이며, 엔진은 7.5시간 연속해서 사용할 수 있게 설계되었다. 주 엔진을 외부 탱크와 궤도선에 부착시켜 놓은 이유는, 외부 탱크는 한 번만 사용하고 버리지만 아주 값이 비싼 주 엔진은 궤도선에 부착해 궤도선과 함께 여러 번 사용하기 위함이다.

주 엔진의 크기는 길이 4.2m, 노즐 출구의 최대 지름 2.25m, 무게 3,150kg이며, 연소 시간은 520초, 비추력은 452초이다. 연소실의 화염 온도는 3,300℃나 되며, 엔진 1개의 가격은 600억 원($60M) 정도이니 우주왕복선에 장착된 3개의 엔진 가격만도 1,800억 원이다.

외부 탱크

우주왕복선이 우주로 발사되어 궤도에 진입하기까지 8분 30초 동안 사용하는 추진제의 양은 산화제인 액체 산소가 612톤, 연료인 액체 수소가 103톤 정도 필요하며, 이것이 외부 탱크, 즉 외부 추진제 통에 들어 있다가 주 엔진에 공급된다. 외부 추진제 통의 크기는 전체 높이가 47m, 지름 8.4m이며, 추진제를 넣었을 때의 전체 무게는 747톤이나 되는 거대한 통이다.

외부 탱크는 크게 2개의 통으로 구성되어 있다. 윗부분에 액체 산소를 넣는 작은 통이 있고, 아랫부분에 액체 수소를 넣는 큰 통이 있다. 액체 수소의 밀도는 아주 낮기 때문에 아래에 있는 통의 부피가 위에 있는 통의 부피보다 3배 가까이 크지만, 추진제의 무게는 오히려 액체 산소가 액체 수소보다 6배나 무겁다. 외부 탱크의 겉 표면에는 열이 잘 전달되지 않는 절연 재료인 주황색의 폴리우레탄 폼(polyurethane foam)을 분무기로 뿜어 입힌다. 2003년 2월 초에 우주왕복선을 발사할 때 이

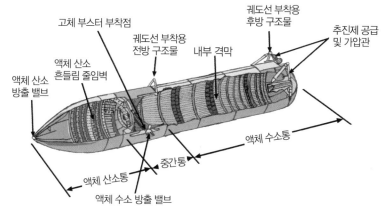

액체 산소
방출 밸브

액체 산소
흔들림 줄임벽

고체 부스터 부착점

궤도선 부착용
전방 구조물

내부 격막

궤도선 부착용
후방 구조물

추진제 공급
및 가압관

액체 수소통

중간통

액체 산소통

액체 수소 방출 밸브

외부 탱크의 구조

폴리우레탄 폼이 떨어지면서 궤도선의 타일을 손상시켜 궤도선이 지구
로 돌아오면서 폭발하는 사고가 발생한 것이다.

고체 추진제 추력 보강용 로켓

우주왕복선의 외부 탱크 옆에는 2개의 고체 추진제 추력 보강용 로켓
이 부착되어 있다. 이 로켓은 길이 45.5m, 지름 3.7m의 원통형 구조물
인데, 속에는 고체 추진제가 채워져 있다. 또 아래에는 노즐이 있으며,
위쪽 끝의 원뿔형 안에는 회수용 낙하산과 외부 탱크에서 분리될 때 사
용되는 분리용 소형 로켓 4개가 장치되어 있다. 1개의 추력 보강용 로
켓의 무게는 590톤이며, 추력은 138만 8,000kgf이다.

우주왕복선의 추력 보강용 로켓은 지금까지 제작된 고체 추진제 로
켓 모터(추진 기관) 중 세계에서 가장 크며, 특히 재사용할 수 있게 설계
된 것이 특징이다. 그리고 추력 보강용 로켓은 크기가 너무 커서 고체
추진제를 모터 케이스에 채우는 데 어려움이 많기 때문에 모터 케이스

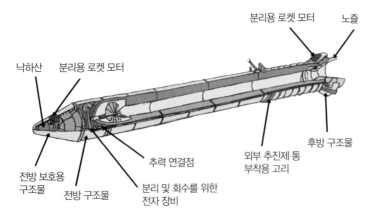

추력 보강용 고체 추진제 로켓의 구조

분리용 로켓 모터　노즐

낙하산　분리용 로켓 모터

전방 보호용
구조물

전방 구조물

추력 연결점

분리 및 회수를 위한
전자 장비

외부 추진제 통
부착용 고리

후방 구조물

를 네 토막으로 만들고 여기에 고체 추진제를 채워서 발사장으로 이동
시킨 후 현장에서 조립해서 사용한다. 조립이 완료되고 추진제를 완전
히 충전한 발사 직전의 우주왕복선의 전체 높이는 56.14m이고, 무게는
2,040톤이며, 추력은 모두 333만 2,350kgf이다.

그동안 미국과 구소련에서는 유인 우주선을 발사할 때 고체 추진제
로켓을 사용하지 않았다. 구소련에서는 아직도 사용하지 않고 있지만,
로켓이 대형화되면서 값이 비싸지자 미국은 제작 가격이 저렴한 고체
추진제 로켓을 우주왕복선에 사용하기 시작했다. 1986년 1월 28일에
발생한 우주왕복선 챌린저호 폭발 사건은 이 고체 추진제 추력 보강용
로켓의 재사용 및 모터 케이스를 네 토막짜리로 나누어 조립하는 연결
부분에 생긴 틈으로 화염이 새어 연료통을 폭발시키면서 생긴 사고이
다. 우주선을 지상에서 발사할 때는 초기에 많은 힘이 필요하다. 이 때
문에 추력 보강용 고체 추진제 로켓을 이용해서 초기의 전체 추력을 크
게 증강시켜 주는 것이다.

우주선의 조립

미국의 우주왕복선은 어디에서 조립되며, 그 거대한 몸집을 어떤 방법으로 발사장까지 운반할까? 케이프케네디 우주발사장의 39A와 39B 발사대가 우주왕복선이 발사되는 곳인데, 이곳은 1960~1970년대에 달 탐험용 아폴로 우주선이 새턴 5 로켓에 실려 발사되었던 곳이다.

우주왕복선의 조립과 발사에는 아폴로 달 탐험선 당시 사용했던 많은 시설들을 개조해 사용하고 있다. 우주왕복선의 조립은 발사대인 39A와 39B에서 각각 5.5km와 6.8km 떨어진 곳에 있는 발사체 조립 빌딩(VAB : vehicle assembly building)에서 이루어진다.

이 빌딩 역시 높이 111m나 되는 새턴 로켓을 조립하기 위해 지어진 건물로서 크기는 높이 160m, 가로 158m, 세로 218m로 단일 건물로는 세계에서 가장 큰 건물이다. 이 건물은 이동식 발사대(mobile launch

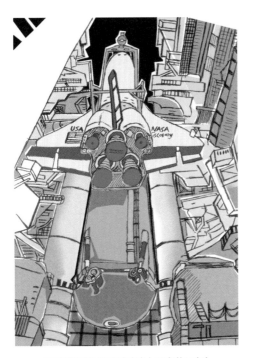
우주왕복선을 조립 빌딩에서 조립하는 장면

platform)가 최대 4대까지 들어가 그 위에서 발사할 로켓을 조립할 수 있게 설계되어 있지만, 현재는 이동식 발사대가 2대밖에 없는 까닭에 동시에 2대의 우주왕복선을 조립할 수 있다.

이 이동식 발사대 역시 아폴로 계획 때 새턴 5 로켓을 조립해 발사할 때 사용하던 것을 개조한 것으로서 무게는 300톤, 가로세로의 길이가 40m인 대형 트레일러이다. 또 8개의 대형 무한궤도(탱크 바퀴처럼 생긴 것)가 설치되어 있으며, 이동 속도는 시속 1.6km로 사람이 걷는 속도보다도 훨씬 느리다.

케이프케네디의 발사체 조립 빌딩 속의 이동식 발사대에서 2개의 고체 추진제 추력 보강용 로켓과 우주왕복선이 조립되면, 이동식 발사대는 조립된 왕복선을 싣고 발사체 조립 빌딩에서 39A나 39B 발사장으로 4시간에 걸쳐서 이동한다.

이동식 발사대가 이동하는 길은 자갈길이다. 우주왕복선에 추진제가 채워져 있지 않아도 무게가 수백 톤으로 아주 무겁기 때문이다. 우주왕복선을 탑재한 이동식 발사대가 발사장에 도착하면 서비스 탑이 이동식 발사대와 우주왕복선 주위에 조립된다. 서비스 탑은 크게 고정 서비스 구조물(fixed service structure)과 회전 서비스 구조물(rotating service structure)로 나뉜다.

고정 서비스 구조물에는 우주비행사가 우주왕복선에 탑승할 때 사용하는 승강기와 흰색 방이 있으며, 액체 산소와 액체 수소를 추진제 탱크에 공급할 때 사용하는 추진제 공급 파이프, 기중기 등이 설치되어 있다. 회전 서비스 구조물은 왕복선의 뒤에 붙어서 화물칸에 짐을 실을 때 사용되는 것으로, 먼지가 없는 청정실로 구성되어 있다.

발사와 비행

발사 전 준비

시각	준비 내용
발사 5시간 전	우주비행사들은 일어나서 우주복을 입고 아침 식사를 한다. 그리고 각 종 준비물을 챙긴 후 밖에서 기다리고 있는 우주비행사 전용의 호송용 소형 버스(van)에 탑승해 발사 준비를 끝내고 우주비행사들을 기다리 고 있는 39 발사대로 향한다.
발사 4시간 30분 전	우주왕복선의 외부 연료 탱크(ET)에 액체 산소를 충전한다.
발사 2시간 50분 전	외부 추진제 탱크에 액체 수소를 충전시켜 둔다. 액체 산소와 액체 수 소의 충전은 위험하기 때문에 조심스럽게 취급하며, 충전이 끝나면 우 주비행사들을 탑승시킨다.
발사 1시간 5분 전	발사대 39에 대기하고 있던 기술자들은 우주비행사들을 승강기로 안 내해 우주왕복선의 승무원실에 한 사람씩 탑승시킨다. 발사될 때 우주 비행사들의 자세는 우주왕복선이 하늘을 향해 세워져 있으므로 우주비 행사들도 자연히 하늘을 쳐다보며 앉아 있게 된다. 이러한 자세야말로 우주선이 발사될 때 우주비행사들이 받는 가속도를 잘 견딜 수 있는 자 세이기도 하다.

발사 30분 전	서비스 탑에 남아 있던 발사 준비 기술자들이 5km 밖으로 철수하기 때문에 39발사대 근처에는 우주왕복선에 탑승한 우주비행사 이외에는 전부 안전지대로 대피한 상태이다.
발사 20분 전	비행 프로그램을 우주왕복선의 컴퓨터에 입력시킨다.
발사 9분 전	기상 상태 등 발사에 관련된 자료를 마지막으로 검토해 발사를 최종적으로 결정한다.
발사 7분 전	발사가 최종적으로 결정되면 서비스 탑과 우주왕복선의 연결 통로를 이동시킨다.
발사 5분 전	각종 엔진 조절용 유압 계통을 점검한 후 이상이 없으면 지상에서 우주왕복선에 공급하던 전원을 끊어 버리고 왕복선 자체의 전력을 이용하게 한다.
발사 3초 전	주 엔진 3개를 작동시킨다.
발사 2초 전	2개의 거대한 추력 보강용 고체 추진제 로켓을 점화시킨다. 3개의 주 엔진과 2개의 추력 보강용 로켓이 정상적으로 작동되어 정상 추력의 90%가 될 때까지 발사대에 묶어 둔다.

발사

시각	준비 내용
발사 3초 후	우주왕복선이 발사대를 떠나 상승하기 시작한다.
발사 2분 후	2개의 추력 보강용 고체 추진제 로켓을 분리시킨다. 이때가 고도 45km 지점이며, 분리된 로켓은 케이프케네디에서 220km 떨어진 지점에 낙하한다. 대서양에 낙하산을 펴고 떨어진 2개의 추력 보강용 로켓 껍데기는 근처에서 기다리고 있던 배가 회수해 발사장으로 끌고 온다. 그 후 공장으로 운반해 수리하고, 추진제를 다시 충전해 재사용한다.
발사 8분 33초 후	3개의 주 엔진이 연소를 완료한다. 이때 우주왕복선의 위치는 지상 110km 지점이다.
발사 8분 51초 후	외부 연료 탱크를 왕복선에서 분리시킨다.
발사 10분 34초 후	추력 5,443kgf짜리 궤도 조정용 로켓엔진 2개를 1차 점화시킨다.

지구 궤도 진입과 우주 비행

시각	준비 내용
발사 45분 50초 후	추력 5,443kgf짜리 궤도 조정용 로켓엔진 2개를 2차 점화시켜 지상 276km의 원 궤도에 초속 7.74km로 진입한다.
발사 1시간 후	우주비행사들은 우주복을 벗고 우주왕복선 내에서 일을 시작한다. 우주왕복선이 지구 궤도에 있을 때 비행하는 모습은 지구에서 보았을 때 거꾸로 비행하는 것처럼 보인다. 지구와 각종 통신을 하면서 비행하려면 이렇게 해야 되기 때문이다.
발사 3일째	국제우주정거장과 도킹하며 우주비행사들은 우주정거장으로 옮겨 탄다. 발사 후 우주정거장에 도킹하기까지 걸리는 시간은 구소련의 소유스 우주선과 비슷하게 발사 이후 2일 정도 걸린다.

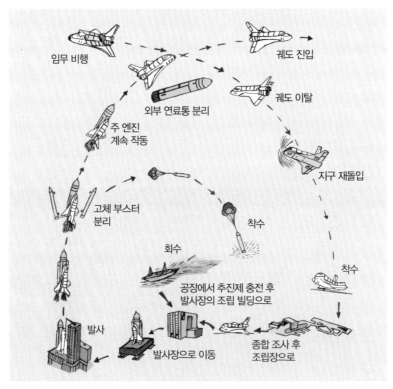

임무 비행

궤도 진입

외부 연료통 분리

궤도 이탈

주 엔진 계속 작동

지구 재돌입

고체 부스터 분리

착수

회수

착수

공장에서 추진제 충전 후 발사장의 조립 빌딩으로

발사

발사장으로 이동

종합 조사 후 조립장으로

우주왕복선의 비행 과정

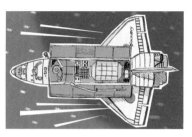

우주 비행을 하고 있는 궤도선

> **귀환**
>
> 우주왕복선의 궤도선은 귀환하기 전에 화물실의 문을 잘 닫고 하강 준비를 한다.

시각	준비 내용
착륙 1시간 전	우주 비행 임무를 마친 우주왕복선은 350km 상공에서 우주정거장과 분리한 후 2분 40초 동안 역추진 로켓엔진을 점화시켜 비행 속도를 초속 91m 떨어뜨리며, 고도 282km에서 시속 2만 6,498km의 빠른 속도로 지구로 내려오기 시작한다.
착륙 25분 전	귀환을 시작한 지 35분 뒤에는 시속 2만 6,876km로 대기권에 진입하며 가열되기 시작한다. 이때의 기수를 30~40 정도로 많이 올려 공기의 저항을 많이 받으며 속도를 줄이게 된다. 이때부터는 지상과의 통신도 두절된다. 고도 85km에서 우주왕복선은 감속을 위해 60° 각도로 지그재그 비행을 한다.
착륙 20분 전	고도 70km에서 시속 2만 4,200km로 하강하며, 공기와의 마찰에 의해 우주왕복선 표면의 온도는 최대로 상승하는데, 날개 끝 지점은 1,650℃까지 올라간다.
착륙 12분 전	고도 55km에서 1만 3,317km의 속도로 하강한다. 이제 위험한 구간은 지나갔다. 기분 좋게 하강할 때이다.
착륙 5분 30초 전	고도는 25km까지 내려왔고 시속 2,735km의 속도로 활주로로 활강 중이다. 활주로에서 96km까지 접근했다. 고도 14.9km 높이에서 속도는 음속 이하로 뚝 떨어진다. 활주로에 40km까지 접근했다. 고도 4.5km에서는 20°로 기수를 쳐들고 활주로 접근한다.
착륙 86초 전	비행 고도는 4,074m이고, 속도는 시속 682km이다. 활주로에서 12km까지 접근했는데 여기서부터는 자동 착륙 비행을 시작한다.
착륙 14초 전	착륙용 바퀴를 내리고 길이 5km의 활주로에 시속 346km의 빠른 속도로 착륙을 한다. 비슷한 크기의 여객기보다 시속 100km 더 빠른 속도이다. 선체의 각도를 18~20° 정도로 높여 활주로에 터치다운한 후 낙하산을 펴고 3km 활주한 다음 멈춘다.

착륙 장소와 안전 문제

현재 미국의 우주왕복선이 착륙할 수 있는 활주로는 길이가 5km 이상이고, 주변에 큰 도시가 없어 안전하게 착륙할 수 있는 지역이어야 한다. 미국 동부의 케이프케네디 우주센터와 서부의 모하비 사막 근처에 있는 에드워드 공군 비행장 등 몇 곳이 여기에 해당된다. 우주왕복선은 가볍게 만드느라 주로 알루미늄으로 제작되어 열에 약하다.

우주에서 지상으로 내려오면서 공기와의 마찰 때문에 고열이 발생하는데, 고열이 발생하는 부분에는 흑연 등 열에 강한 금속이나 열을 잘 흡수하는 재료를 붙여서 고열에서 보호한다. 때문에 우주왕복선의 배나 날개 끝 부분에는 흑연으로 벽돌을 만들어 붙여 검게 보인다. 이 흑연으로 만든 방열제 벽돌을 강력 접착제로 붙이는데, 충격에 약해 외부에서 충격을 받으면 떨어지게 되어 문제이다. 미국은 2003년의 우주왕복선 사고 이후 우주에서 지구로 내려오기 전에 타일을 수선할 수 있도록 개선하는 등 좀 더 안전한 귀환을 위한 연구를 계속하고 있다.

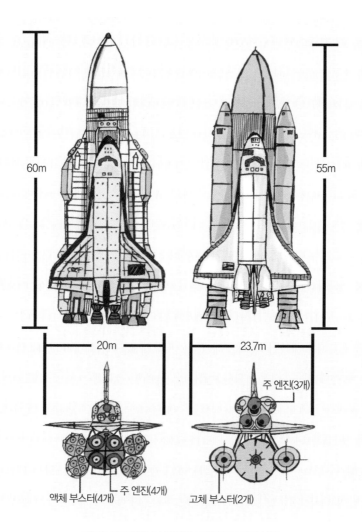

미국의 우주왕복선과 한 번만 비행한 구소련의 부란

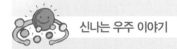

신나는 우주 이야기

우주왕복선의 경제성

미 항공우주국이 제작한 우주왕복선용 궤도선은 컬럼비아(1979), 챌린저(1982), 디스커버리(1983), 아틀란티스(1985), 인데버(1991) 이렇게 5대이다. 이 중 챌린저호는 1986년에, 컬럼비아호는 2003년에 사고로 없어지고 현재는 3대가 우주정거장을 건설 중이다. 미 항공우주국은 궤도선을 더 이상 제작하지 않고 현재 남아 있는 것을 2010년까지만 운행할 계획이다.

미국이 우주왕복선의 계속 운행을 포기한 이유는 우주왕복선의 개발 이유가 여러 번 사용함으로써 1회 사용 비용을 줄이자는 목적이었는데, 현재 1회 운영 비용이 13억 달러(1조 2,000억 원)나 들기 때문에 별 실효성이 없기 때문이다.

만일 20톤의 국제우주정거장 모듈을 싣고 우주정거장으로 발사한다고 가정해 보면 구소련의 우주 시스템으로는 2,000~2,500억 원 정도면 충분히 가능한데, 미국의 우주왕복선을 이용하면 5~6배의 비용이 더 든다.

비행기도 마찬가지이지만 우주선도 착륙할 때가 무척 위험하다. 구소련의 소유스 우주선은 무게 3톤짜리 캡슐이 낙하산을 펴고 넓은 초원 지대로 내려오지만, 우주왕복선의 궤도선은 반드시 정해진 활주로에 착륙해야 하며, 무게는 100톤 정도로 소유스 우주선의 캡슐보다 33배나 더 무겁다. 더 크고 무거운 궤도선이 지상으로 내려오는 것은 훨씬 위험한 것이다.

우주에서 초속 7.8km의 극초고속으로 우주 비행을 하다가 지상으로 내려올 때는 작고 가벼운 물체일수록 안전하게 내려올 수 있는 것이다. 따라서 미국은 2010년부터는 현재 개발 중에 있는 '오리온'이라는 이름의 무게 7.5톤 정도의 새 우주선을 사용할 예정이다.

07

중국과 민간의 유인 우주선

중국의 선저우 우주선

구조

선저우(Shenzhou) 우주선은 러시아의 소유스 우주선을 닮아 귀환용 캡슐과 추진 모듈, 궤도 모듈로 구성되어 있다. 전체 길이는 9.25m, 직경은 2.8m, 전체 무게는 7.84톤이다. 귀환용 캡슐은 직경 2.06m, 길이 2.52m의 원추형인데 3명이 탑승할 수 있으며, 무게는 3.24톤이다.

따라서 선저우 귀환용 캡슐이 소유스 귀환용 캡슐보다 약간 길고 무겁다. 캡슐의 앞에는 궤도 모듈이 있다. 궤도 모듈은 길이 2.8m, 직경 2.25m이며, 무게는 1.5톤이다. 캡슐의 뒤에는 서비

중국 선저우 유인 우주선의
비행 상상도(중국 우주청)

스 모듈이 있는데 길이는 2.94m, 직경은 2.5m이며, 무게는 3톤이다. 전체적으로 러시아의 소유스 우주선보다 길이는 30cm, 무게는 600kg 정도 더 무겁다. 크기는 조금 다르지만 우주인의 생명 유지 기술과 지구 귀환 기술 등은 많은 시행착오를 거치며 얻어진 최첨단 기술이기 때문에 중국이 갑자기 독자적으로 확보했다고 보기 어렵다. 페르미노프 러시아 우주청장은 2006년 12월 26일의 인터뷰에서 중국에 유인 우주 프로그램의 기본 기술을 제공했다고 밝혔다.

발사

선저우 우주선은 장정 2F 로켓으로 발사된다. 이 로켓은 유인 우주선 발사를 목표로 1999년부터 개발된 우주 로켓이다. 1단 로켓의 주위에 4개의 추력 보강용 로켓이 부착되었고, 2단 로켓 위에 선저우 우주선이 있으며, 선저우 우주선 위에는 비상탈출용 로켓이 있는 형태이다.

따라서 추력 보강용 로켓의 모양과 1, 2단 로켓의 형태만 다를 뿐 전체적인 개념은 러시아의 소유스 로켓과 비슷하다. 장정 2F 로켓도 기본적으로 중국의 미사일용 로켓을 개량해

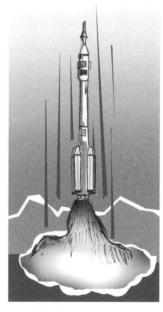

선저우 5호가 장정 2F 우주로켓에 실려 발사되고 있다.

이용하고 있기 때문에 각 단의 모든 추진제는 미사일에 적합한 실온 보관용 추진제인 사산화질소와 비대칭 디메틸히드라진이 사용되고 있다. 즉, 중국의 장정 우주로켓은 미사일을 개량한 것들이다.

추력 보강용 로켓은 4개인데, 1개의 직경은 2.25m, 길이는 15.33m, 무게는 41톤이다. YF-20B 엔진을 사용해 7만 4,640kgf의 추력이 170초 동안 발생되며, 비추력은 259초이다. 1단 로켓의 직경은 3.35m, 길이는 23.7m, 무게는 196.5톤이다. YF-20B 엔진 4개를 이용해 30만 kgf의 추력이 166초 동안 발생된다. 2단 로켓의 직경은 1단 로켓과 같고, 길이는 15.52m, 무게는 91.5톤이다. YF-25/23 엔진을 이용해 8만 5,000kgf의 추력이 295초 동안 발생되며, 비추력은 295초이다. 선저우 우주선을 발사할 때의 총 무게는 464톤이며, 전체 높이는 62m이다. 이 로켓은 8.4톤의 우주선을 185km의 지구 궤도에 올릴 수 있는 성능이다.

중국 북부 내몽골 초원에 착륙한 선저우 우주선

**우주 비행을 성공리에 마친
중국인 우주비행사 페이쥔룽과 녜하이성**

귀환

귀환 방법 역시 러시아와 거의 같은 방식으로서 선저우 우주선의 서비스 모듈에 부착된 역추진 로켓의 분사 속도를 줄인 후 대기권에 진입해 낙하산을 펼치고 귀환하게 되며, 귀환 장소는 발사장 근처에 있는 내몽골의 넓은 초원 지대이다.

선저우 5호는 2003년 10월 15일에 우주비행사 양리웨이를 태우고 21시간 23분 동안 중국 첫 우주 비행을 하는 데 성공했고, 무게 8톤의 선저우 6호는 2005년 10월 12일에 2명의 우주비행사 페이쥔룽과 녜하이성을 태우고 발사되어 334km의 원 궤도를 4일 19시간 33분 동안 우주 비행했다.

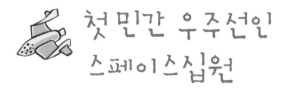
첫 민간 우주선인 스페이스십원

민간인이 우주선을 만든다. 과연 이것이 가능할까? 정부에서 하기도 힘든 우주선을 민간인들이 만든 것이다. 거기에다 정부의 돈은 1원 한 장 쓰지 않았다. 미국에는 상업용 민간 우주 비행을 장려하기 위해 1966년에 만든 앤서리 X−프라이즈(AnsariX-Prize)라는 콘테스트가 있다.

이 대회는 2005년 12월 이전까지 3명이 탑승한 우주선으로 100km 높이까지 2주일 동안에 두 번 비행을 하면 1,000만 달러(약 100억 원)의 상금을 주는 것이다. 단, 우주선은 무게의 90%까지 재사용해야 한다. 정부 예산을 사용해서도 안 된다. 승객을 안 태우는 경우 승객 1인당 90kg에 해당하는 물체를 대신 실어도 된다.

수많은 머리 좋은 항공과학자들이 팀을 만들어 이 대회에 참여했다. 쉬울 것 같지만 성공한 팀이 좀처럼 나타나지 않았다. 미 항공우주국이 개발한 X-15 로켓 비행기가 1963년 8월 22일에 107km까지 상승한 적이 있지만 그것은 정부에서 막대한 연구 개발비와 과학자들을 투입해 이룩한 성과인데, 그것을 민간인들만의 힘으로 할 수 있을 것인가? 이상을 받기 위해 미국, 영국, 러시아, 호주, 이스라엘 등 항공우주 선진국에서 25개 팀이 참여해 발사 장소인 모하비 공항에서 밤을 지새웠었다.

드디어 스페이스십원(SpaceshipOne), 즉 우주선 1호로 100km까지 올라가는 데 성공한 팀이 나타났다. 새로운 형태의 비행기를 개발하기로 유명한 버트 루탄(Burt Rutan)의 팀이었다. 루탄은 1986년에 중간 연료 공급 없이 세계 일주 비행에 성공한 보이저(Voyager)를 개발해 유명해진 항공우주공학자이다. 그는 2006년 2월 12일에 포셋이 67시간 만에 세계 일주를 해 지구 일주 신기록을 세운 글로벌플라이어(Globalflyer)를 개발하기도 했다.

타이어원 계획

스페이스십원이 100km의 고공까지 올라가는 방법은 X-15 로켓 비행기가 1963년에 107km까지 비행한 것과 거의 같은 방법을 이용하고 있다. X-15는 10km 높이까지는 B-52의 날개 밑에 달려서 올라간다. 그리고 날개에서 분리되어 X-15에 장착된 액체 추진제 로켓엔진을 작동시켜 107km까지 상승한 후 근처의 활주로에 착륙한 것이다.

타이어원 계획은 스페이스십원과 백기사(White Knight)라는 이름의 모선인 비행기를 개발해 모선이 우주선과 함께 15km까지 상승한 후 분리되어 우주선에 부착된 로켓을 80초 동안 작동시켜 100km까지 올라갔다가 활공으로 활주로에 내려오는 방식이다.

모선인 백기사

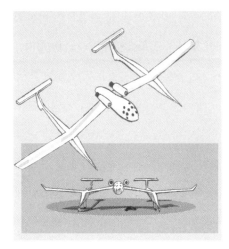

모선으로 사용한 백기사의 모습

모선인 백기사는 날개 길이 15m, 날개 면적 $43.5m^2$, 이륙 무게 4.1톤인데, 빈 무게는 1.2톤이다.

승무원실의 직경은 1.52m로 스페이스십원의 승무원실과 같은 것을 사용했다. 2개의 J85-GE-5 터보제트엔진을 승무원실 윗부분에 장착했고, 승무원실의 아랫부분에 스페이스십원을 부착시킬 수 있도록 높게 제작되었다. 고공에서 우주선을 분리시킨 뒤 우주선이 자유롭게 움직이게 하기 위해 승무원실의 동체 길이는 짧게 만들어졌다.

백기사가 처음 만들어진 것은 1998년 9월 1일인데, 첫 비행은 2002년 8월 19일에 30분간 이루어졌다. 또 2003년 5월에는 15km의 고공까지 상승하는 데 성공했다. 백기사는 루탄이 개발한 쌍발 터보제트엔진을 장착한 프로테우스(Proteus) 고공 다목적 비행기를 개량한 것이다. 프로테우스는 700kg의 화물을 싣고 18km까지 상승해서 14시간 동안 비행할 수 있는 특수비행기이다.

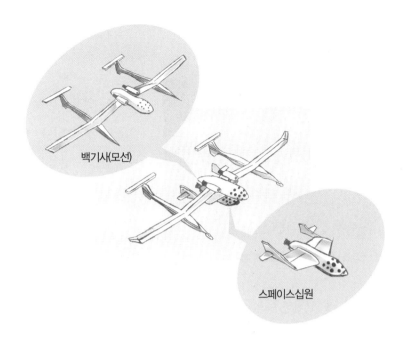

백기사(모선)

스페이스십원

모선 백기사(White Knight)가 스페이스십원을 배에 달고 비행하는 모습

우주선인 스페이스십원

스페이스십원이 이륙할 때의 최대 무게는 3.6톤이며, 착륙할 때의 무게는 2톤 정도이다. 동체의 직경은 1.52m이고, 최대 날개 길이는 5m, 날개 면적은 15m², 전체 길이는 7.1m이다. 그리고 최대 비행 속도는 마하 3.5이고, 최대 상승 고도는 112km이다.

구조는 앞쪽은 승무원실이고, 그 뒤에 둥근 산화제 통과 연료통 겸 연소관 노즐이 있다. 날개는 삼각 형태이며, 날개 뒤쪽은 위로 접힐 수 있게 설계되어 있다. 그리고 날개 양끝 부분을 길게 하여 꼬리날개를 부착했는데, 이를 이용해 상하좌우로 비행 방향을 조정할 수 있게 설계되었다.

승무원실은 앞쪽이 원추형이고, 중간은 원통형이다. 3명이 탑승할 수

워싱턴 스미소니언 항공우주박물관에 전시된 우주선 1호

있으며, 16개의 둥근 창문이 있고, 옆에 출입문이 하나 있다. 승무원실에는 일정한 압력을 유지할 수 있도록 가압 장치가 되어 있어서 공기가 없는 100km 상공에서도 문제가 없다. 또 일정한 양의 산소를 계속해서 탱크에서 공급해 주고, 배출되는 탄산가스는 흡수기에서 제거한다.

실내의 습도도 공기를 정화하면서 흡수하는 수증기를 이용해 알맞게 조절해 주기 때문에 승무원실에서는 우주복을 입지 않고도 쾌적한 우주 비행을 할 수 있는 상태이다. 우주선은 모두 그래파이트(흑연)/애폭시 복합 재료로 만들어졌다. 특히 우주선의 제일 앞부분과 날개, 꼬리날개의 앞부분 등 귀환할 때 온도가 많이 올라가는 부분은 고온에 잘 견딜 수 있는 특수한 복합 재료로 제작되었다.

추진 기관으로는 스페이스텍(SpaceDec)사의 하이브리드 로켓 모터가 사용되었고, 연료로는 자동차 타이어의 고무 재료인 탈수산화부타디엔이 사용되었으며, 산화제로는 마취제로 사용되면서 흡입하면 웃음이 나온다고 하는 일명 웃음 가스[아산화질소(N_2O)]를 압축해서 사용했기 때문에 환경 친화적인 추진제이다. 추진제의 무게는 1,670kg인데 연료가 270kg, 산화제가 1,400kg이다. 연소 시간은 87초이고, 7,500kgf의 추력이 발생된다. 비추력은 250초, 노즐 면적비는 25:1이다.

앤서리 X-프라이즈에의 도전

스페이스십원은 2003년 5월 20일에 무인으로 첫 비행 시험을 했고, 활공 테스트는 2003년 8월 7일에 실시되었다. 또 2003년 12월 17일인, 라이트 형제가 첫 비행에 성공한 지 100주년이 되는 날 첫 번째로 로켓 엔진을 추진해 20.7km까지 상승하는 데 성공했다. 이날의 비행 조종사는 비니(Brian Binnie)였다. 스케일드 콤퍼지츠(Scaled Composites)사는 2004년 4월 1일에 첫 준궤도 비행 허가증을 미국 교통성에서 받았다.

2004년 4월 8일의 비행에서는 32km까지 상승했고, 5월 13일에는 64km까지 올라갔다. 그리고 2004년 6월 21일, 드디어 100.1km까지 상승하는 데 성공했다. 이제 2주일 안에 두 번 비행하는 앤서리 X-프라이즈에 공식적으로 도전하는 일만 남았다.

앤서리 X-프라이즈에의 첫 번째 도전 비행은 2004년 9월 29일로 잡혔다. 지난 6월 21일에 100km까지 상승하는 데 성공한 멜빌(Mike Melvill)이 조종간을 잡았다. 그는 모선에서 분리되고 나서 77초 동안 로켓 모터를 작동시켰다. 로켓 모터의 작동 시간은 조종사가 89초까지 조절할 수 있다. 지난 6월 21일의 비행 때보다 1초 동안 더 작동시킨 것이다. 이날의 비행에서 스페이스십원은 103km까지 상승했다. 성공적으로 1차 비행을 마친 것이다.

스페이스십원은 첫 비행을 한 지 5일 만인 10월 4일에 마지막 비행에 도전했다. 이날은 세계 첫 인공위성 스푸트니크 1호가 발사되어 우주

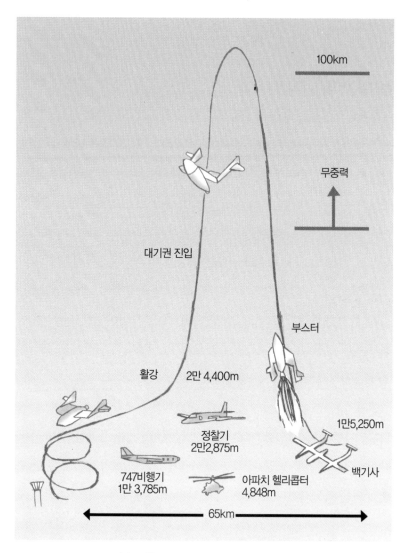

100km

무중력

대기권 진입

부스터

활강   2만 4,400m

1만5,250m

정찰기
2만2,875m

747비행기
1만 3,785m

아파치 헬리콥터
4,848m

백기사

65km

스페이스십원의 앤서리 X-프라이즈 도전 비행 방법

시대를 연 지 47주년이 되는 뜻 깊은 날이었다. 드디어 새벽 6시 49분,
스페이스십원은 모하비 공항을 출발했다. 이날의 우주선 조종간은 비

니가 잡았다. 그는 지난해 말에 우주선의 첫 동력 비행을 성공시킨 용감한 조종사였다. 한 시간 뒤 스페이스십원은 긴 날개를 가진 백기사의 배에 붙어 14.4km까지 올라갔다. 스페이스십원을 백기사에서 분리시키고 나서 조종사 비니는 하이브리드 로켓의 산화제 밸브를 열고 점화시켰다. 로켓을 83초 동안 작동시키면 65°로 상승한다. 그리고 엔진을 껐을 때 스페이스십원은 65km까지 올라가 있었고, 속도는 마하 3.09였다.

여기에서부터 정상까지 40여 km는 관성으로 올라가는데, 이때 걸리는 3분 30초 동안은 무중력 상태가 되어 몸이 둥둥 뜨는 기분이 든다. 몸을 의자의 벨트로 묶어서 그런지 우주선과 조종사가 한 몸이 된 것같이 둥둥 떠다니는 것 같았다. 어느덧 스페이스십원은 112km까지 올라갔다. 지난 1963년의 X-15보다도 5km나 더 올라간 것이다. 속도는 0이 되었다.

이제부터는 다시 내려가는 것이다. 산화제 탱크 속의 산화제를 모두 밖으로 방출해 버리고 우주선 날개의 뒷부분을 위로 쳐들어서 속도를 줄이면서 안정적으로 하강할 수 있는 상태로 만들었다. 아래로 내려갈수록 속도는 가속되어 32km 상공까지 내려갔을 때의 속도는 다시 마하 3.25가 되었고, G값은 5.4가 되었다.

이때 조종사는 5명이 억누르는 것 같은 압박을 받는다. 15.5km 상공까지 내려갔을 때 날개 뒷부분을 다시 내려 정상 상태로 만들었고, 이후 18분 동안은 비행기처럼 활공을 해 내려가서 새벽에 이륙했던 모하비 공항의 활주로에 시속 145km로 착륙했다. 드디어 2주일 안에

100km까지 두 번 올라가는 데 성공해 1,000만 달러의 상금을 타게 되었을 뿐만 아니라 민간 우주 비행 시대의 막을 열게 된 것이다.

실제로 버트 루탄은 이 프로젝트의 우주선 제작에만도 2,500만 달러 이상이 소요되었다고 했다. 루탄 팀의 앤서리 X-프라이즈 수상은 세계 최고의 항공우주공학자의 우주선에 대한 아이디어와 마이크로소프트사의 공동 창업자인 폴 앨런의 투자 그리고 멜빈과 비니 등과 같은 우수한 조종사의 지원 등 3박자가 맞아떨어져서 이루어 낸 성과였다.

우주 관광사업

영국의 버진 갤럭틱(Virgin Galactic) 항공사의 주인인 브랜슨 회장은 스케일드 콤퍼지츠사에서 우주로켓 스페이스십원을 구입해서 2007년

우주 관광에 사용할 스페이스십 2호의 상상도

부터 1인당 19만 달러(1억 9,000만 원)에 2시간 동안 우주 비행을 시켜주는 우주 관광사업을 하기로 결정했다고 발표했다. 이 우주 비행은 3명이 우주선을 타고 100km 높이까지 올라갔다가 내려오는 것으로서, 정상에서 지구를 감상하면서 3분 30초 동안 무중력 상태를 경험하게 된다.

브랜슨 회장은 영국의 세계적인 물리학자 호킹 박사를 2009년에 스페이스십원에 태워 우주 비행을 시킬 예정이라고 2007년 1월에 발표했다. 버진 갤럭틱사와 스케일드 콤퍼지츠사는 공동으로 스페이스십 2호를 2007년 후반기에 완성할 목표로 현재 개발하고 있다. 이 스페이스십 2호는 길이가 18m로 스페이스십원보다 2배 이상 크며, 총 6명이 탑승할 수 있게 개발되고 있다. 이 새로운 우주선의 이름은 버진 우주선 엔터프라이즈(Virgin Spaceship, VSS Enterprise)라고 정해졌다.

스페이스십원과 인공위성의 차이점

버트 루탄의 스페이스십원의 비행은 지구와 우주의 경계선인 지상 100km까지 올라갔다가 내려오는 간접적인 우주 비행이었다. 루탄의 스페이스십원이 100km까지 올라갔을 때 수평 방향의 속도는 없다. 그러나 지구 궤도를 90분에 한 번씩 회전하는 진짜 인공위성이 되려면 100km 높이에서 수평 방향으로 초속 7.8km의 속도로 비행해야 한다. 따라서 스페이스십원이 지구 궤도를 진짜 우주선처럼 돌기 위해서는 더 많은 에너지가 필요하다.

또한 인공위성처럼 지구를 초속 7.8km로 극초음속으로 회전하다가 육지로 귀환하려면 대기권에서의 하강 속도도 스페이스십원보다 훨씬 빨라야 하기 때문에 위험하고 특수한 기술이 많이 필요하다. 그러나 이런 기술도 민간의 재원과 기술로 해결하려는 꿈을 가지고 있다.

1단계로 루탄은 현재 3인승인 스페이스십원을 좀 더 크게 개량해 6명을 태우고 100km까지 갔다가 올 수 있는 스페이스십 2호로 개발하는 것을 서두르고 있다. 그리고 스페이스십 3호와 지구 궤도에 진입할 수 있는 우주선도 개발할 꿈을 가지고 있다.

루탄을 보면 알 수 있듯이 새로운 분야를 개척하고 새로운 꿈을 실현하는 사람들은 기존에 이미 증명된 방식 이외에는 새로운 해결 방법이 없다고 생각하는 사람들이 이루지 못하는 것을 성취하는 사람들이다.

많은 재벌들이 새로운 투자를 하려고 하고 있어서 루탄은 연구비 걱정은 안 하고 연구를 계속할 수 있을 것 같다. 루탄의 경우는 항공우주공학도 잘 활용하면 많은 돈을 벌 수 있다는 것을 잘 보여 주는 좋은 예이다.

08

달 탐험 계획

인류는 1969년 7월에 우주선 아폴로 11호를 타고 일주일 동안 달에 갔다가 무사히 돌아왔다. 정말 엄청난 사건이었다. 이는 인류가 지구에 태어나 수십만 년 동안 살면서 이룩한 가장 위대한 업적이었다. 또 구소련도 무인 우주선 루나 16호를 달에 보내 흙을 가져오는 데 성공했다. 그런데 인터넷에는 인류가 1969년에 달에 갔던 것이 사실이 아니라는 글들이 떠돌아다닌다. 그렇다면 달에 간 것은 사실인지, 갔으면 어떻게 달에 갔다가 왔는지 자세히 살펴봄으로써 앞으로 우리나라를 비롯해서 세계 각국에서 계획하고 있는 새로운 달 탐험 계획을 미리 예상해 보자.

아폴로 계획의 시작

1961년 당시 미국의 케네디 대통령은 국회에 보낸 교서에서 "미국은 1960년대 안에 인간을 달에 보냈다가 지상으로 돌아오게 할 것"이라고 발표했다. 그동안의 미국의 우주개발은 구소련 뒤를 허겁지겁 따라가는 상황이었다. 즉, 앞서고 있는 것이 하나도 없는 형편이었다. 이러한 시점에서 케네디 대통령이 미국의 명예를 걸고 1969년 12월 31일 이전에 사람을 달에 갔다 오게 하겠다고 밝힌 것이다.

케네디 대통령이 국민에게 약속을 한 이후 미국과 구소련의 달 탐험 경쟁은 더욱 뜨겁게 달아올랐다. 무기로 싸우지만 않았지 사실상 미국과 구소련의 전쟁이나 마찬가지였다. 당시 구소련은 케네디의 교서에 대해 공식적인 논평을 하지는 않았지만, 속으로는 코웃음을 치고 있었을 것이다. 구소련이 달에 먼저 간다는 것은 당시 미국에 앞서서 진행되고 있는 우주개발 상황으로 미루어 볼 때 의심할 여지가 없었기 때문이다.

아폴로 계획은 미국의 유인 달 탐험 계획으로서, 항공우주국(NASA)이 발족되던 1958년 10월에 시작되었다. 그동안 머큐리, 제미니 계획 등을 통해 아폴로 계획에서 필요한 각종 장치 및 기술 등을 시험하고 익혔기 때문에 이제 필요한 것은 사람을 달까지 보냈다가 다시 돌아오게 할 수 있는 강력한 대형 로켓을 만들어 실제로 갔다 오는 것이었다.

아폴로 우주선

구조

아폴로 우주선은 미국의 달 탐험을 위해 1960대 후반에 개발된 우주선이다. 구조는 사령선과 기계선 그리고 달 착륙선으로 구성되어 있었다. 사령선(CM : commend module)은 3명의 우주인을 태우고 지구를 출발해 달로 갔다가 또다시 지구로 돌아오는 유일한 우주선인데 지름 3.9m, 높이 3.47m의 원추형이었으며, 발사될 때의 무게는 5.9톤, 지구로 돌아올 때의 무게는 5.4톤이었다. 또 사령선의 부피는 6.17m³였으며, 여객기의 객실이나 조종실과 비슷했다. 왜냐하면 달을 왕복하는 동안 이곳은 우주인의 작업장, 연구실, 통신실, 침실 및 화장실 역할까지도 해야 했기 때문이다. 여기의 의자는 좌우로 움직이고, 옆으로 누워 잠을 잘 수도 있었다. 선내의 온도는 항상 26℃, 습도는 40~80%로 조절되어 쾌적했고, 10~70℃의 물을 언제나 사용할 수 있게 설계되었다. 그리고 아래쪽에는 단열 복합 재료를 붙여 지구에 재돌입할 때의 고열

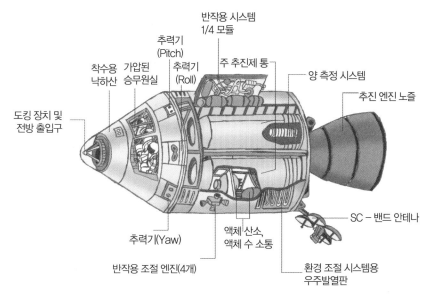

반작용용 시스템
1/4 모듈

추력기
(Pitch)

착수용 가압된
낙하산 승무원실

추력기
(Roll)

주 추진제 통

양 측정 시스템

도킹 장치 및
전방 출입구

추진 엔진 노즐

SC – 밴드 안테나

추력기(Yaw)

액체 산소,
액체 수 소통

반작용 조절 엔진(4개)

환경 조절 시스템용
우주발열판

아폴로 사령선과 기계선의 구조

에 우주선이 견딜 수 있게 했다.

기계선(SM : service module)은 사령선 뒤에 붙어 있었는데, 여기에서는 아폴로 사령선에 필요한 각종 전기와 산소 그리고 사령선이 자유로이 움직일 수 있도록 각종 동력을 제공했다. 또 기계선의 뒤에는 10톤 추력의 로켓도 붙어 있었는데, 이것은 달 탐험을 마친 후 아폴로 우주선이 지구로 귀환할 때 달 탈출용 로켓으로 사용되었다.

기계선의 지름은 3.9m, 길이는 7.56m, 무게는 24.523톤이었다. 그리고 기계선의 옆에는 45kg의 추력을 낼 수 있는 16개의 추력기가 붙어 있어서 사방팔방으로 우주선이 자유로이 움직일 수 있게 설계되었다. 영화로도 유명한 아폴로 13호는 이 기계실에 있는 산소통이 폭발하는 사건이 일어난 우주선이다.

달 착륙선(LM : lunar module)은 상부와 하부로 나뉘어 있었는데, 상부(ascent module)의 높이는 3.54m, 지름은 4.27m였으며, 무게는 추진제를 포함해 4,547kg이었다. 달에 착륙할 때 2명의 우주비행사는 상부에 있는 지름 3.3m짜리 방에 들어가 있게 되는데, 이 방을 캐빈, 즉 오두막이라고 부른다. 이 캐빈 속에는 3개의 창문이 있으며, 기온은 24℃, 기압은 0.35를 항상 유지하고 있어서 우주비행사들이 우주복을 입지 않고 생활할 수 있었다. 실내는 100% 산소로 채워져 있었으며, 천장에는 사령선으로 통하는 지름 82cm, 길이 46cm짜리 터널이 있었다.

또 착륙과 이륙할 때 사용하는 추력 45kgf의 자세 조종용 추력기가 16개 달려 있었다. 아래에는 달을 떠날 때 사용하는 추력 1,592kgf짜리의 이륙용 로켓엔진이 달려 있어서 초속 2,200m의 속도로 달을 이륙할 수 있었다. 달 착륙선이 달을 이륙하기 위해서는 로켓엔진의 추력(1,592kgf)이 달 착륙선 상부 모듈의 무게보다 커야 한다. 지구에서의 달 착륙선 상부의 무게는 4,547kg이지만, 달에서는 이보다 6분의 1 가벼운 758kg이기 때문에 달을 이륙하는 데 문제는 없었다. 그리고 착륙선에는 우주인이 사용하는 19.3kg짜리 물통이 2개 실려 있다.

스미소니언 항공우주박물관에
전시되고 있는 아폴로 11호 사령선

달 착륙선 하부(descent module)에는 달에 착륙할 때 속력을 감소시켜서 가볍게 착

륙하기 위해 사용되는 역분사
용 로켓엔진이 있다. 이 엔진은
추력을 4,593kgf에서 465kgf까
지 조절할 수 있었다. 그리고
달에 착륙할 때의 충격을 흡수
할 수 있도록 충격 완충 장치가
달려 있는 4개의 다리는 발사

스미소니언 항공우주박물관의 달 착륙선

될 때는 반 정도 접혀 있지만 달에 착륙할 때에는 활짝 펴진다.

이 다리를 완전히 폈을 때 하반부의 지름은 4.2m이며, 높이는 3.2m이

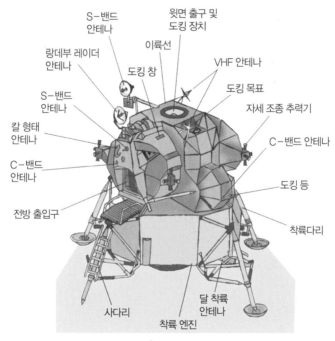

달 착륙선의 구조

고, 무게는 10,149kg이다. 따라서 달 착륙선 전체의 높이는 6.37m, 직경은 4.27m 그리고 착륙용 다리를 폈을 때의 직경은 9m였다. 무게는 추진제와 2명의 우주인을 합쳐 1만 4,696kg(달에서의 무게 2,450kg)였다.

달 자동차

달 자동차(Lunar Rover)는 길이 3.1m, 폭 1.83m, 높이 1.14m, 바퀴 직경 82cm이다. 무게는 200kg이며, 우주인을 포함해서 490kg의 짐(달 샘플은 한 번의 여행에서 27kg)을 실을 수 있다. 2개의 36V 수은과 아연 전지로 4개의 모터를 구동해 시속 17km의 속도로 65km까지 움직일 수 있다. 보잉과 GM 자동차에서 공동으로 개발한 것을 아폴로 15호에 실어 달에 가지고 가서 1971년 7월 31일에 처음 사용되었다.

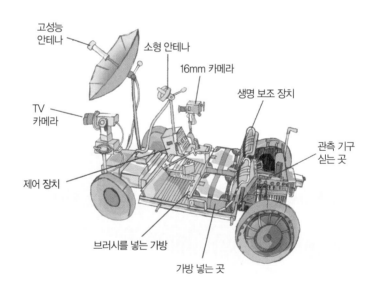

달 자동차 루나 로버의 구조

새턴 달로켓

미국은 달로켓의 이름을 새
턴(Saturn : 토성, 그리스 신화에
나오는 신 중 하나)이라고 붙였
다. 그리고 브라운 박사 팀에게
새턴 개발의 중요한 과업이 맡
겨졌다. 이 로켓의 개발 성패가
바로 미국의 달 탐험 계획의 성

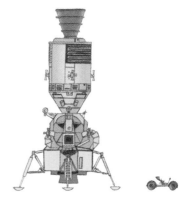

아폴로 우주선과 달 자동차의 크기 비교

패와 같았다. 최근에 알려진 일이지만, 구소련이 미국과의 달 탐험 경
쟁에서 패배하게 된 가장 큰 이유는 구소련이 달 탐험용 대형 로켓의
개발에 실패했기 때문이었다. 새턴 로켓은 새턴 1, 새턴 1B 그리고 새
턴 5의 세 가지 종류가 개발되었다.

새턴 1 로켓

무게 85톤짜리 H-1 로켓엔진 8개를 1단에 다발로 묶어 모두 68만
kgf의 추력으로 10톤짜리 인공위성을 지구 궤도에 발사할 수 있는, 높
이가 약 30m가 되는 거대한 로켓이다. 그리고 2단 로켓은 RL-10 로켓
엔진 6개를 묶은 것이다. 새턴 1 로켓은 1964년 1월 29일에 처음 발사
되었다.

새턴 1B 로켓

새턴 1 로켓의 2단계 로켓엔진을 추력 9만 kgf 이상의 J-2 엔진으로

바꾼 것으로서, 이 J-2 엔진은 나중에 달로켓인 새턴 5 로켓의 2단 엔진으로 사용되었다. 1966년 2월 26일에 첫 새턴 1B 로켓의 발사 시험에 성공했고, 7월 5일에는 약 26.5톤의 인공위성을 지구 궤도에 올려놓았다. 이 로켓은 아폴로 프로그램 때에는 아폴로 7호를 발사했고, 미국의 우주정거장 계획인 스카이랩 프로그램 때에는 지구 궤도에 3명의 우주인이 발사될 때 사용되었다.

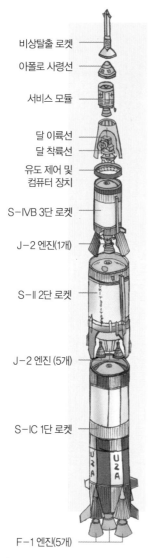

비상탈출 로켓

아폴로 사령선

서비스 모듈

달 이륙선

달 착륙선

유도 제어 및
컴퓨터 장치

S-IVB 3단 로켓

J-2 엔진(1개)

S-II 2단 로켓

J-2 엔진 (5개)

S-IC 1단 로켓

F-1 엔진(5개)

새턴 5 로켓의 구조

새턴 5 로켓

전체 길이가 111m, 최대 지름 10m로 지금까지 개발된 로켓 중 세계에서 제일 키가 큰 로켓이다. 이 로켓은 지구 궤도에 120톤의 인공위성을 올릴 수 있으며, 45톤의 위성을 달로 보낼 수 있는 성능을 가졌다. 우주선을 포함한 껍데기 무게만도 243톤이며, 발사될 때 로켓의 전체 중량은 무려 2,941톤이나 된다. 따라서 전체 무게의 91.7%가 추진제인 셈이다.

제1단 로켓은 지름 10m, 길이 42m에 추력 69만 kgf짜리 F-1 엔진 5개를 사용해 모두 345만 kgf의 추력을 낸다. 연료로는 등유(케로신 : RP-1) 646.8톤을, 산화제로는 액체 산소 1,500톤을 썼다. 1단 로켓의 5개 엔진은 매 초당 13.3톤의 추진제를 삼키면서 2분 30초 동안 연소된다. F-1 엔진은 지금까지 인류가 개발한 액

헌츠빌의 마셜 우주센터에 전시 중인
새턴 5 달로켓의 1단 엔진들

체 로켓엔진 중에서 성능도, 크기도 가장 큰 것이다. 높이가 5.64m, 최대 직경이 3.72m이며, 무게는 8,391kg이고, 비추력은 260초이다.

제2단 로켓은 역시 지름 10m, 길이 24.5m이며, 추력 10만 4,000kgf짜리 J-2 엔진 5개를 사용해 모두 52만 kgf의 추력을 낸다. 추진제는 액체 수소를 연료로 사용했고, 산화제로 액체 산소를 사용했다. 연소 시간은 6분이다.

제3단 로켓은 지름 6.6m, 높이 17.8m이며, 로켓엔진은 J-2 엔진 1개를 사용해 10만 4,000kgf의 추력을 내도록 설계되었다. 추진제는 제2단과 같다. J-2 로켓엔진은 액체 산소와 액체 수소를 사용하는 첫 로켓엔진으로서 최대 직경은 2.01m, 길이는 3.38m, 무게는 1,438kg이며, 비추력은 421초인 고성능 로켓엔진이다.

제3단 로켓 위에는 전자두뇌 장치들이 들어 있어서 로켓의 비행 진로 및 자세를 조정할 수 있게 설계되었다. 지름 6.6m, 높이 90cm의 원통형 상자 속에는 새턴 로켓의 각 단을 분리 · 점화할 수 있고, 자동 탄도

의 수정을 할 수 있는 컴퓨터와 자세 안정용 자이로 및 가속도계 등이 들어 있다. 이 새턴 5 로켓은 1962년 1월에 미 항공우주국이 개발 계획을 발표한 후 5년간의 연구·개발 기간을 거쳐 1967년 11월 9일 첫 발사에 성공했다.

3단계 끝의 전자두뇌 속에는 어댑터가 있고, 이 속에는 달 착륙선이 4개의 다리를 웅크리고 앉아 있다. 달 착륙선 위에는 아폴로 우주선이 기계실과 함께 붙어 있으며, 아폴로 우주선 위에는 비상탈출 로켓이 부착되어 있다. 무게 4톤에 길이 10m인 이 탑은 새턴 5 로켓의 발사 도중 사고가 났을 경우 사용되어 3명의 우주인이 탑승한 아폴로 사령선을 안전한 지역으로 날라다 주는 역할을 한다. 새턴 5 달로켓은 아폴로 11, 12, 13, 14, 15, 16, 17호의 발사에 성공적으로 사용되었다.

케네디 우주센터에 전시 중인 새턴 5 로켓의 F-1 1단 로켓엔진과 J-2 2단 엔진

달 탐험 과정

1969년에 최초로 인간의 달 착륙에 성공한 아폴로 11호는 어떤 방식으로 달까지 날아갔고, 어떻게 우주비행사들은 달에 착륙했다가 돌아왔는지 발사 준비부터 달 표면에의 착륙, 이륙, 지구로 되돌아오기까지의 과정을 살펴보자.

발사 준비

시각	준비 내용
발사 28시간 전	공식적인 최종 카운트다운이 시작되었다.
발사 9시간 전	추진제 주입에 필요한 작업과 발사대 청소를 했다.
발사 8시간 30분 전	후보 우주비행사들인 아폴로 12호의 우주비행사들이 사령선을 점검했다.
발사 8시간 15분 전	추진제 주입을 시작했다. 먼저 1단 로켓에 케로신(등유)과 액체 산소를 채우고, 그 다음 2단 로켓에 액체 산소와 액체 수소를, 끝으로 3단 로켓에 액체 산소와 수소를 채웠다. 로켓의 밑에서부터 위로 차례로 채우는 것이다.
발사 5시간 17분 전	선장 닐 암스트롱, 달 착륙선 조종사 에드윈 올드린(Buzz Aldrin), 사령선 조종사 마이클 콜린스(Michael Collins) 등 3명의 우주비행사가 기상해서 아침 식사를 마치고 우주복을 입은 다음 출발 준비를 했다.
발사 3시간 57분 전	제39번 발사대로 출발. 발사대로 갈 때는 3대의 똑같은 흰색 자동차를 타고 가는데, 어느 자동차에 우주비행사가 타고 있는지 아무도 몰랐다. 이것은 혹시 있을지도 모르는 외부에서의 방해 공작을 막기 위한 방법이었다. 사실 걱정할 만한 상황이 벌어지고 있었다. 며칠 전부터 구소련의 구축함 한 대가 케이프커내버럴 앞바다에 정박해 각종 정보 수집을 하고 있었다. 뿐만 아니라 발사 3일 전인 7월 13일에는 구소련의 무인 우주선인 루나 15호가 달로 출발했다. 루나 15호는 달에 착륙한 후 달의 흙을 채취해 지구로 갖고 오는 것이 목적이었다. 이 계획이 성공할 경우 구소련은 달의 흙을 가져오기 위해 많은 돈을 들여 위험하게 인간을 달에 직접 보낼 필요는 없다고 주장하면서 아폴로 11호의 성과를 축소하려고 할 것이었다.
발사 2시간 40분 전	3명의 아폴로 우주인이 우주선 속으로 들어가기 시작했다.

발사 1시간 46분 전	긴급탈출 장치를 점검했다.
발사 40분 전	발사 구역에 대한 최종 안전을 점검, 확인했다.
발사 30분 전	로켓의 전원 스위치를 점검했다.
발사 15분 전	외부의 전원을 모두 차단하고 우주선 내의 자체 전원으로 바꿨다.
발사 6분 전	새턴 5 로켓을 마지막으로 점검했다.
발사 3분 10초 전	자동 점화 동작기가 작동되기 시작했다. 카운트다운이 계속 진행됨에 따라 사방은 고요해지고 발사 관제 본부의 모든 기술자들은 흥분하기 시작했다. 새턴 5 로켓의 750만 개 부품 중 5개만 고장이 나도 모든 일은 허사로 돌아가기 때문이었다.
발사 8초 전	새턴 5 로켓의 1단에 붙어 있는 5개의 F-1 로켓엔진이 점화되어 로켓 엔진의 화염이 빠지는, 콘크리트 구조물에 붙어 있는 29개의 구멍을 통해서 8,000톤의 냉각수가 분사되어 섭씨 수천 도나 되는 화염에서 콘크리트 구조물을 식혀 주는 장관이 벌어졌다.
발사 2초 전	5개의 F-1 엔진은 귤색 화염을 맹렬히 토하며 정상 추력의 95%에 도달했다.

이륙

1초, 0초, 발사!

드디어 카운트다운이 0을 가리키자 새턴 5 로켓의 아랫부분을 꽉 잡

아폴로 11호의 우주비행사들. 왼쪽부터 닐 암스트롱, 마이크 콜린스, 에드윈 올드린

고 있던 4개의 단단한 철 봉이 동시에 옆으로 넘어 졌다. 발사장 근처에 모 인 100만 관중과 전 세계 수억의 TV 시청자들이 지켜보는 가운데 3명의 우주인을 태운 아폴로 11

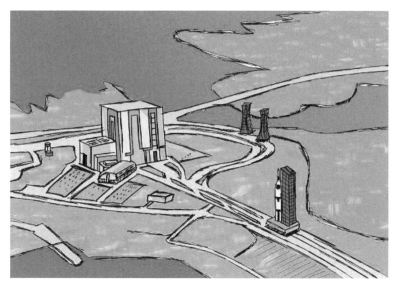

조립이 끝난 새턴 5 로켓과 아폴로 우주선이 발사장으로 이동하고 있다.

호는 세상에서 가장 힘이 센 새턴 5 로켓에 의해서 서서히 발사대를 떠나 195시간 18분 21초의 달나라 탐험에 들어섰다. 미국 동부 시간으로 1969년 7월 16일 오전 9시 32분이었다.

새턴 5 로켓의 실제 발사 광경은 정말 장관이었다. 새턴 5 달로켓을 서울의 남산 꼭대기에서 발사한다고 가정하고 설명한다면, 로켓의 크기는 서울 남산 위에 서 있는 240m의 서울타워 중간 몸체까지와 비슷한 높이였으며, 발사 때 로켓에서 나오는 엔진 소리는 수원까지 들릴 정도로 컸다. 만일 밤에 발사된다면 로켓의 엔진에서 나오는 화염의 불빛을 대구에서도 볼 수 있을 정도로 대단한 규모였다. 새턴 5 로켓은 발사 후 10초 동안 발사대 높이만큼 상승했다. 그러나 강력한 F-1 엔진 5개는 매 초당 1만 3,600kg의 추진제를 소비하므로 10초 동안에

1969년 7월 16일에
아폴로 11호가 달로 출발하고 있다.

136톤이나 가벼워진다. 또 로켓의 무게는 매 초당 13.6톤씩이나 가벼워지고, 로켓의 추력은 크게 변하지 않으니, 로켓의 속도는 급속히 가속되어 곧 음속을 넘어 버리게 되어 우주선에 탑승한 우주비행사들은 지금까지 인간이 만든 소리 중에서 가장 큰 소리인 엔진에서 나오는 소리를 듣지 못한다.

새턴 5 로켓의 1단은 2분 41초 동안 작동되어 64km의 고도에서 시속 8,850km(음속의 7.2배)로 가속시켜 놓고 분리되었다. 이 1단 로켓이 분리되면 로켓은 발사될 때 무게의 4분의 1로 줄어든다.

2단 로켓이 곧 점화되었고, 고도 96km 지점에서는 비상탈출 로켓을 이탈시켰으며, 점화된 지 6분 29초가 지나자 2단 로켓과 분리되면서 지구 상공 186km에서 시속 2만 4,969km(초속 6.9km)에 도달했다. 이 정도의 속도로는 인공위성처럼 지구 궤도에 진입할 수 없다. 다시 제3단 로켓이 점화되어 2분 25초 동안 작동해 속도를 시속 2만 8,000km(초속 7.8km, 음속의 22.8배)로 키운 후에 원지점 187km, 근지점 186km의 지구 궤도에 진입했다.

지구 궤도 진입과 달로의 비행

예정 궤도보다 5.5km 큰 지구 궤도에 진입한 아폴로 11호는 아폴로 우주선의 모든 기계를 점검했다. 문제가 생기면 여기에서 달로의 비행을 포기하고 지구로 다시 내려가야 했다. 달을 향해 출발한 이후에는 문제가 발생해도 그대로 달까지 비행해야지 도중에 지구로 돌아올 수 없기 때문이다. 물론 며칠 동안 비행을 해서 달을 돌아 지구로 되돌아올 수는 있었다. 아무튼 지구를 3회전하는 동안 우주선을 점검한 결과 아무런 이상이 없었다.

시각	준비 내용
발사 2시간 44분 후	다시 3단 로켓엔진을 점화해 347.3초 동안 가동시켜 시속 3만 8,995km(초속 10.83km, 음속의 32배)의 속도로 높인 후 지구 궤도를 탈출, 달을 향해 비행을 시작했다.
발사 3시간 17분 4초 후	지구 궤도를 벗어나 달로 관성 비행을 하면서 아폴로 사령선은 180˚ 회전해 달 착륙선과 도킹했고, 달 착륙선을 3단 로켓의 상부에서 분리했다. 달 착륙선과 도킹한 사령선은 다시 180˚ 회전해 달 착륙선이 달을 향하게 한 뒤 달을 향해 계속 비행했다. 공기가 없는 우주 공간에서는 햇빛이 직접 닿는 곳의 온도가 130℃, 햇빛이 안 비치는 그늘진 곳의 온도가 −120℃ 정도이므로, 온도 차는 250℃ 정도가 되어서 우주선이 뒤틀리게 된다. 이를 예방하기 위해 1시간에 세 번씩 통닭을 굽듯이 자체 회전하면서 달로의 비행을 한다.
발사 26시간 44분 후	1차로 비행 코스를 수정했다.

달 궤도 진입

1969년 7월 18일 1시 12분에 아폴로 11호는 지구에서 34만 4,800km, 달에서 5만 2,200km 되는 지점을 통과했다. 이 지점은 지구의 인력과 달의 인력이 같은 곳으로서, 이곳을 통과하면 달의 인력에 의해 우주선의 속도는 가속되면서 달에 접근하게 된다.

지구를 떠날 때 초속 10.9km였던 우주선의 속도는 계속 줄어들어 이곳에 도달했을 때의 속도는 불과 초속 940m로, 10분의 1로 줄어들었다. 이렇게 속도가 계속 줄어드는 것은 지구의 인력 때문이다. 만일 지

김성환 화백이 그린 아폴로 11호의 달 탐사 과정(1969년 7월 「동아일보」)

구를 출발할 때의 속도가 10.9km보다 1km 이상 작았다면 우주선은 이곳을 통과하지도 못하고 다시 지구로 되돌아가게 될 것이다. 이곳을 지나가면 달의 인력권 안으로 들어가기 때문에 아폴로 우주선은 서서히 가속되어 달 궤도에 진입하기 전의 속도는 시속 9,000km(초속 2.5km)로 커진다. 아폴로 우주선이 달 상공 121km의 궤도를 도는 달의 위성이 되려면 시속 5,800km(초속 1.6km)의 속도가 되어야 한다.

비행 나흘째인 7월 19일 1시 22분에 우주비행사들은 아폴로 우주선을 다시 180° 회전시켜 뒤에 붙어 있던 기계선의 로켓엔진이 달을 향하게 한 뒤 로켓을 작동시켰다. 그러자 아폴로 우주선의 속도는 시속 5,800km 정도로 떨어지면서 근지점 112km, 원지점 314km의 타원 궤도에 진입했다. 지구를 떠난 지 75시간 49분 50초 후의 일이었다. 그리고 5시간 뒤 다시 엔진을 작동시켜 비행 궤도를 112km의 원궤도로 바꿨다.

달 착륙

달 착륙 작업을 시작하기 전 휴스턴의 우주 본부에서는 우주인들에게 달과 토끼에 관한 이야기를 들려주었다.

"오래된 전설에 의하면 달에는 창어라는 예쁜 중국 미녀가 4,000년 동안 살고 있었지. 창어는 자신의 남편에게서 영원히 죽지 않는 약을 훔친 죄로 달로 귀양을 갔어. 그 미녀의 친구는 커다란 중국 토끼 한 마리였는데, 그 토끼는 항상 계수나무 아래에서 뒷발을 버티고 서 있다고 하니 달에 내리면 한번 찾아봐."

아폴로 11호의 세 우주인 중에서 달에 내리지 않고 사령선에 계속 남아 있었던 콜린스가 대답했다.

"좋아요! 토끼 처녀를 눈여겨 찾아볼 테야!"

콜린스는 달에 내리지 않을 계획이니 달에서 토끼를 못 찾아도 괜찮았던 모양이다. 7월 19일 9시 20분, 올드린이 사령선과 달 착륙선 사이에 연결된 통로를 통해 달 착륙선 독수리호로 기어 들어갔다. 한 시간 뒤에는 암스트롱도 따라 들어갔다. 그때부터 암스트롱과 올드린은 착륙선 독수리호에, 콜린스는 사령선(모선) 컬럼비아호에 각각 떨어져 있게 되었다.

12시 32분에 암스트롱과 올드린은 착륙선의 4개의 다리를 펴기 위해 스위치를 눌렀다. 컬럼비아호와 독수리호는 아직도 결합된 채 달 궤도를 13회째 돌고 있었다. 지구에서 보이지 않는 달의 뒷면으로 들어가면서 모선에 있던 콜린스는 모선과 달 착륙선을 결합시키고 있던 빗장을 풀기 위해 스위치를 눌렀다. 독수리호와 컬럼비아호가 약간 흔들리더니 분리되었다. 만일 이제부터 달 착륙선에 문제가 생긴다면 다시는 서로 만날 수 없게 되는 것이었다. 달의 뒷면을 돌아 앞으로 나오면서 지구와의 무선 연락도 다시 통하기 시작했다.

암스트롱이 말했다.

"독수리호가 날개를 갖게 되었다."

사령선과 달 착륙선은 예정된 항로를 나란히 날기 시작했다. 다시 달의 뒷면을 비행하면서 달 착륙선은 비스듬히 옆으로 몸체를 기울여 로켓의 화염이 비행 방향을 향하도록 조정했다. 독수리호가 다시 지구와 무전 연락을 하게 되었을 때 암스트롱은 지구에 보고했다.

"예정된 시간에 정확히 역추진 로켓 점화."

독수리호는 길고 둥근 궤도를 그리면서 앞으로 역추진 로켓의 화염을 뿜으며 마차처럼 달 표면에 가까이 다가갔다. 그러고는 시속 5,920km로 속도를 감소시키면서 15km 상공까지 하강했다.

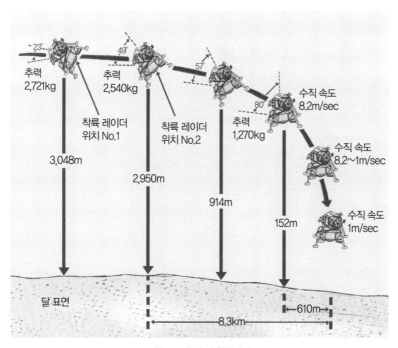

아폴로 11호의 달 착륙과정

"이제 달에서 14km 상공에 도달. 모든 것은 순조로움. 위치 표시 계기에는 우리가 약간 빗나가고 있다고 표시되어 있음."

독수리호에서 한 보고이다.

"역추진 로켓에 의한 하강을 계속하라. 만사는 순조롭다. 걱정할 것 없다."

지상 관제소에서 대답했다. 지상 관제소의 모든 과학자들은 숨을 죽이고 달 착륙선의 우주인과 지상 관제소 기술자들 간의 대화를 듣고 있었다.

지상관제소	착륙 2분 20초 전, 만사 OK.
독수리호	기체가 약간 흔들리고 있음.
지상관제소	역추진 하강 계속하라! 역추진 하강 계속하라!
	모든 일은 순조롭다.
독수리호	앞 창문 오른편에 지구가 보인다.
지상관제소	독수리, 무대하다. 곧 착륙이다.
독수리호	로저! 알았다……. 착륙이다. 900m, 800m…….
	달 표면에 곧 닿을 것 같다.

독수리호는 8분 동안 하강을 계속했다. 암스트롱은 침착한 듯 보였지만 심장 고동은 140, 맥박은 156까지 상승했다. 암스트롱은 오른손으로 로켓 조종간을 잡고 자동 착륙 장치를 밟았다. 거친 달 표면 위를 미끄러지듯 비행하면서 착륙할 장소를 찾았다. 150m, 120m, 100m, 60m

……. 달 표면에서 10m 상공까지 내려갔을 때 로켓 분사로 일어난 달 먼지가 달 착륙선 주위를 에워쌌다. 그리고 드디어 암스트롱은 말했다.

"휴스턴……, 여기는 고요의 바다. 독수리는 착륙했다."

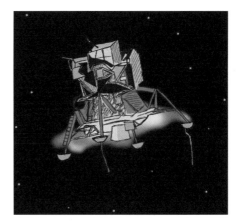

달 착륙선의 비행 모습

1969년 7월 20일 오후 4시 17분 40초(미국 동부 시간, 한국 시간 21일 오전 5시 17분 40초)에 인간이 탄 우주선이 케이프케네디를 출발한 지 102시간 45분 40초 만에 달에 무사히 착륙한 것이다. 미국은 몇 년 동안 그 순간을 위해 그 많은 투자와 노력을 했던 것이다.

암스트롱이 달 착륙선의 창문으로 보이는 달의 경치를 알려 왔다.

"착륙선 창밖은 비교적 평평한 평원인데 지름이 1.5m에서 15m 정도 되는 여러 분화구가 여기저기 널려 있고, 6~9m쯤 되어 보이는 자그마한 봉우리들이 있다. 그리고 30~60m 크기의 수천 개의 분화구들이 주위에 깔려 있다. 전방 수백 m쯤 앞에는 뾰족뾰족 모가 난 바위들이 보인다. 그리고 시야 저편에 언덕이 하나 있다."

암스트롱과 올드린은 몇 시간의 준비 끝에 우주선 밖으로 걸어 나갈 채비를 했다.

달에서의 활동

달 탐사를 도운 달 자동차

암스트롱과 올드린은 우주선 밖에서 필요한 이중 마스크로 된 헬멧을 쓰고, 등에는 산소 탱크를 짊어지는 등 달 표면에서의 생명 유지 장비를 착용하기 시작했다. 그들은 서서히 밖(달)과 같은 진공 상태가 되도록 달 착륙선의 실내 공기를 밖으로 뽑아냈다.

7월 20일 오후 10시 40분, 달에 우주선이 착륙한 지 6시간 20분이 지난 후 암스트롱은 달 착륙선의 문을 열었다. 그리고 조심스럽게 밖으로 나갔다. 밖으로 나가다가 뾰족한 곳에 우주복이 찢어지기라도 하면 큰일이기 때문이었다. 우주복의 무게는 84kg이지만 달에서는 14kg 정도밖에 안 된다. 그러나 부피가 커서 움직이는 데는 불편하다. 둘째 계단에서 고리를 당겨 텔레비전을 가동시켰다. 그는 아홉 계단의 사다리를 조심스럽게 내려가기 시작했다. 드디어 오후 10시 56분(한국 시간 21일 오전 11시 56분), 암스트롱은 달 표면에 왼발을 디디면서 말했다.

"사다리 끝까지 내려왔다. 사다리 끝은 달 표면에 불과 2~5cm밖에 박히지 않았다. 그렇지만 표면은 가루같이 아주 고운 것 같다. …… OK, 지금 사다리에서 막 발을 떼었다."

그리고 암스트롱은 첫발을 디디면서 이렇게 말했다.

"이것은 한 인간에게는 작은 발걸음이지만 인류에게는 거대한 도약

달 착륙선에서 달에 내려서고 있는 올드린

이다."

암스트롱이 달에 내려서고 나서 24분 뒤에 올드린도 뒤따라 달에 내려섰다. 당시 올드린은 얼마나 긴장을 했던지 달 표면에 내려선 이후 우주복에 소변을 보았다고 후에 쓴 자서전에서 밝혔다. 그들은 2시간 13분 12초 동안 달 표면을 산책하면서 각종 실험을 했고 월진계(달에서 생기는 진동을 측정하는 장치), 레이저 반사경 등을 설치한 후 달 착륙선으로 되돌아왔다. 그리고 그들은 달 표면에서 약 31kg의 흙과 돌을 수집해 왔다.

지구로의 귀환

7월 21일 오후 1시 54분에 달 착륙선의 아랫부분을 떼어 버리고 추력 1,859kgf의 달 이륙용 로켓엔진을 7분 18초 동안 작동시켜 다시 달 궤도로 진입한 독수리호는 달 궤도를 선회하고 있던 사령선 컬럼비아호와 성공적으로 도킹했다. 암스트롱과 올드린은 콜린스의 환영을 받으며 다시 사령선으로 옮겨 탔다. 이어서 올라오는 데 사용했던 달 착륙선을 떼어 버렸다.

아폴로 11호 사령선은 시속 8,850km(초속 2.46km)로 가속해 달 궤도를 벗어나 지구로 되돌아오는 비행을 시작했다. 지구를 벗어나 달에 갔

태평양에 착수하고 있는 아폴로 캡슐

다가 다시 돌아오는 것은 지구 궤도를 돌다가 귀환하는 것보다 귀환 속도가 빠르기 때문에 무척 위험하다. 아폴로 11호는 대기권에 들어오기 16분 전에 컬럼비아호의 등에 장치된 기계선을 떼어 버려야 했다. 이때의 분리 시간은 예정 시간에서 ±0.01초를 벗어나도 안 된다. 대기권의 진입 각도 역시 수평에서 5.4~7.4° 여야 한다. 그리고 재돌입할 수 있는 구멍은 지구 상공 120km에서 지름 64km 이내이다. 아폴로 캡슐은 지상 120km의 높이에서 초속 11.064km(아폴로 10호는 초속 11.11km)의 속도로 가속되어 지구 궤도를 돌다가 귀환하는 우주선의 속도인 초속 7.86km보다 50% 더 빠른 속도로 대기권에 재돌입했다. 지상 60km 지점에 왔을 때 우주선은 2,760℃의 화염 속에 있게 되며, 20~50km 정도 퉁겨 올라가 1,200km를 날아갔다가 다시 내려왔다. 지상에 가까이 내려왔을 때 8cm 두께의 방열판을 떼어 버렸고, 지상 7.3km에서 직경 5m짜리 저항 낙하산 2개를 펼쳐 속도를 줄였다.

그리고 안내 낙하산을 3.1km 높이에서 펼친 뒤 곧이어 3km 높이에서 지름 25m의 주 낙하산 2개를 펼쳤고, 초속 9.1m의 속도로 태평양에 성공적으로 착수했다. 대기권에 진입을 시작한 지 약 840초 만에, 그리고 지구를 출발한 지 195시간 18분 21초 만에 안전하게 지구로 귀환한 것이다.

# 구 소련의 무인 달 탐사 계획

달 샘플을 가져온 루나 16호

　구소련은 유인 달 탐사에 사용할 대형 N1 달로켓의 개발에 실패하자 대신 무인 탐사선을 달에 보내 흙을 채취한 후 지구로 가져오는 계획과 무인 운반체를 보내 달을 탐사하는 계획을 추진했다. 따라서 무게 5.7 톤의 무인 달 샘플 귀환 탐사선 루나 15호를 아폴로 11호가 발사되기 며칠 전인 1969년 7월 13일에 달로 발사해 달의 흙을 가져올 계획이었다. 그러나 루나 15호는 아폴로 11호가 달에 착륙한 뒤 다시 달을 출발하기 2시간 전에 달 착륙을 시도하다가 달에 충돌하는 바람에 실패하고 말았다.

　1970년 9월 13일에 프로톤 로켓으로 발사된 루나 16호는 지구 궤도에 진입한 후 달로 발사되어 9월 17일에 111km의 달 궤도에 진입했다. 18

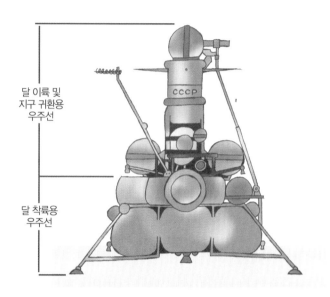

달에 착륙한 뒤 달 샘플을 지구로 가져온 루나 16호의 상상도

일과 19일에는 궤도를 15.1km까지 줄였다. 그리고 9월 20일 새벽 5시 12분에 역추진 로켓이 점화되었고, 6분 뒤인 5시 18분에 안전하게 다산의 바다 북쪽 지역에 착륙했다. 고도 20m 지점에서 주 착륙 엔진을 정지시켰고 착륙용 추력기도 2m 높이에서 끈 후 초속 2.4m의 속도로 착륙에 성공했던 것이다. 착륙한 루나 16호의 무게는 1,880kg이었다. 6시 3분에는 자동 굴착기가 7분 동안 달 표면 35cm 아래까지 파 내려가며 101g의 샘플을 채취했다. 그리고 이동용 팔을 이용해 채취한 달의 흙 샘플을 직경 50cm, 무게 39kg의 지구 귀환용 캡슐에 실었다.

루나 16호는 26시간 25분 동안 달에 머문 후인 9월 21일 7시 43분에 달을 출발했고, 3일 뒤인 9월 24일 새벽 5시 25분에 카자흐스탄 지역에 낙하산을 펴고 내려오는 데 성공했다. 이는 미국 다음으로 달의 흙을 지구로 갖고 오는 데 성공한 것이었다.

무인 달 로버인 루나 17호

구소련은 1970년 11월 10일에 루나 17호를 달로 발사했다. 루나 17호에는 무게 840kg짜리 이동용 달 로버(moon rover) 루노호트(Lunokhod)가 실려 있었다. 직경 51cm의 티타늄 바퀴 8개가 달려 있는 루노호트는 높이 1.35m, 길이 1.7m, 폭

달에 착륙해 탐사한 무인 달 로버 루나 17호

1.6m였는데, 시속 1~2km의 속도로 이동했다. 전원으로는 태양전지를 이용했다. 루노호트는 11개월 동안 10.5km를 돌아다니면서 부착되어 있는 TV 카메라로 달의 사진을 찍어 지구로 보내는 데 성공했는데, 이 것은 지구 이외의 다른 별에서 움직인 첫 이동체였다.

구소련은 1972년 2월 14일에 발사된 루나 20호와 1976년 8월 9일에 발사된 루나 24호를 통해 세 번에 걸쳐 320g의 달의 흙을 채취해 지구로 갖고 오는 데 성공했으며, 루나 21호는 무게 840kg의 루노호트 2호를 달로 갖고 가는 데 성공했다.

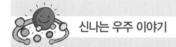

아폴로호의 달 탐험 결산

　미국은 아폴로 11호, 12호, 14호, 15호, 16호, 17호 등 모두 여섯 차례에 걸쳐서 12명이 달에 착륙해 각종 탐사 활동을 했다. 아폴로 14호는 수레를 갖고 가서 탐사 거리가 3.5km로 늘었다. 아폴로 15호부터는 달 자동차를 갖고 가서 활동 범위가 넓어졌다. 아폴로 15호는 28km를 18시간 동안 돌아다녔다.

　미래의 달 탐험에서도 달 자동차는 꼭 필요한 운반 기구이다. 그러나 몇 달씩, 몇 년씩 달에서 자동차를 이용하기 위해서는 앞으로 많은 연구가 필요하다. 특히 달은 진공 상태이고, 흙먼지가 많기 때문에 오랜 시간 사용하면 회전하는 부분에 문제가 많이 생길 것이다. 또 우주복의 관절 부분이나 연결 부분에도 문제가 생길 수 있을 것이다.

〈표 4〉 달에 착륙한 아폴로 우주선의 활동 내용

아폴로 우주선	달 체류 시간	활동 시간	활동 거리	달 암석의 채취량	비고
11호	21시간 36분 20초	2시간 31분 40초	200m	31kg	
12호	31시간 31분 11초	7시간 45분 18초	1,310m	34.4kg	
14호	33시간 30분 29초	9시간 22분 31초	3,550m	42.28kg	달 수레 사용
15호	66시간 54분 54초	18시간 44분 46초	27,900m	77kg	달 자동차 사용
16호	71시간 2분 13초	20시간 14분 14초	26,700m	95.71kg	달 자동차 사용
17호	74시간 59분 40초	22시간 3분 57초	28,200m	110.52kg	달 자동차 사용

09

새로운 달 탐험

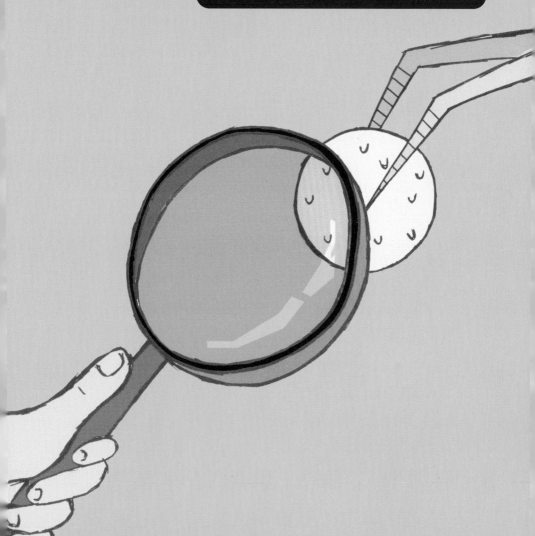

미국의 새로운 달 탐험 계획

미국의 부시 대통령은 2004년 1월 4일에 2020년까지 달에 연구 기지를 세우겠다는 장기 우주개발 계획을 발표했다. 그리고 2005년 9월 19일에는 100조 원의 예산을 들여 2018년에 다시 달에 가는 유인 달 탐사 계획을 발표했다. 2006년 8월 31일에는 우주선 제작 주 계약자가 록히드 마틴사로 결정되었다. 이는 아폴로 17호가 달에 갔다 온 후 46년 만에 다시 달에 가는 새로운 달 탐사 계획이 확정된 것이다. 새로운 달 탐사 계획에 사용될 새로운 우주선의 이름은 오리온(Orion)이다. 그 후 2006년 12월 4일에 미 항공우주국은 휴스턴에서 열린 2차 우주탐험회의에서 미국의 달 탐험 전략과 계획을 발표했다. 그동안 발표된 미국의 새로운 달 탐험 계획은 다음과 같다.

- 2008년 10월, 달 정밀 궤도 탐사선인 LRO를 발사해 달의 남북 궤

도에 진입시킨 후 극 지역의 수소와 물을 정밀 탐사할 계획

- 우주왕복선을 이용해 국제우주정거장을 2010년까지 완성
- 오리온 새 우주선은 2009년까지 상세 설계 검토를 끝내고 2010년 까지는 발사를 통해 문제점을 해결한 뒤 2012년 아레스 1 로켓으로 발사 시험
- 2013년, 지구 궤도에 오리온 우주선의 첫 무인 발사 시험
- 2014년 9월, 오리온 우주선에 첫 번째로 우주인을 태우고 우주정 거장으로 발사
- 2018년, 오리온 우주선에 우주인을 태우고 달로 발사
- 2020년까지 우주인이 달에 착륙
- 2024년까지 인간이 상주할 수 있는 달 연구 기지 건설

오리온 우주선과 달 착륙선

오리온 우주선

오리온 우주선은 승무원 모듈(crew module)과 서비스 모듈(service module) 그리고 발사 도중 생기는 비상시에 승무원 모듈을 안전한 곳으로 탈출시키는 발사 비상 시스템(launch abort system)이 승무원 모듈 위에 붙어 있다. 오리온 우주선을 아레스 1 로켓의 2단 위에 부착하는 곳에 우주선 어댑터(spacecraft adapter)가 있다.

승무원 모듈은 원추형으로서 아폴로 달 탐사 프로그램에서 사용된 아폴로 캡슐과 같은 모양인데 크기만 키운 것이다. 직경은 5.5m, 높이는 3.6m, 무게는 9,506kg이며, 내부 체적은 11m³로 아폴로 우주선보다 2.5배 넓고, 창문은 4개이다. 이렇게 아폴로 우주선으로 확대시킨 것은, 이미 아폴로 캡슐은 달 탐험 계획에서 성공적으로 여러 번 사용되

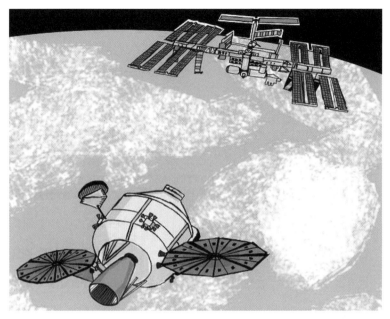

오리온 우주선이 국제우주정거장에 접근하고 있는 상상도

었으며 그 안전성이 입증되었기 때문에 개발 기간과 위험성을 줄일 수 있기 때문이다. 그리고 한 번의 발사에서 16일간 활동할 수 있도록 설계할 예정이다.

서비스 모듈은 직경 5.5m, 길이 3.46m의 원통형이며, 엔진까지 포함하면 전체 길이는 6.22m이다. 그리고 추력 3,402kgf의 엔진이 장착되고, 9.15kW의 전력을 생산할 수 있는 3,604cm^{2}의 태양전지판이 설치되며, 무게는 13,647kg이다. 승무원 모듈과 서비스 모듈을 합한 무게는 25톤이며, 지구에 착륙할 때의 승무원 모듈의 무게는 7.337톤이다. 아폴로 캡슐과는 달리 육지에 낙하산을 펴고 착륙하며, 달 탐험에서는 4명이 탑승하고, 우주정거장을 왕래할 때는 6명이 탑승할 수 있으며, 10

회 정도 재사용이 가능하도록 개발하고 있다.

달 착륙선

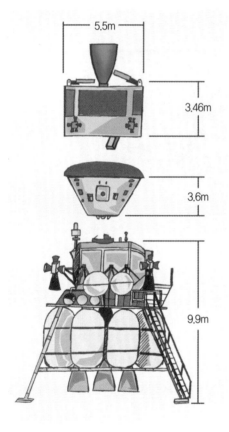

달 착륙선(LSAM)의 무게는 20톤이며, 4명의 우주인이 달에서 7일을 머물 수 있게 한다. 하강 모듈의 추진 기관으로는 액체 산소와 액체 수소를 이용하는 RL-10 엔진 4개가 사용되며, 상승 모듈은 저장성 추진제를 이용하는 엔진을 사용한다. 상승 모듈의 무게는 10.9톤, 하강 모듈의 무게는 35톤을 기준으로 달 착륙선 전체의 무게를 45.9톤으로 개발하고 있다. 아폴로

오리온 우주선과 달 착륙선

달 착륙선의 무게가 16.5톤이었으므로 새로운 달 착륙선은 2배 이상 무거운 것이다. 높이는 9.9m, 기본 직경은 7.6m, 다리와 다리 사이의 최대 폭은 9.5m이다.

아레스 로켓

아레스 1 로켓

아레스(Ares) 1 로켓은 무게 25톤의 오리온 우주선을 지구 궤도에 올리는 데 사용하기 위해 개발되고 있는 2단 로켓이다. 1단 로켓은 고체 추진제 로켓이며, 2단 로켓은 액체 추진제 로켓이다. 1단 로켓은 2분 30초 동안 작동되어 61km에서 마하 6.1의 속도를 만들어 준 뒤 분리되면 회수되어 재사용된다. 1단 로켓이 분리되면 J-2X 2단 로켓엔진이 점화되어 오리온 우주선을 101km까지 올린 다음 분리된다. 그리고 오리온 우

아레스 1 우주로켓의 발사 상상도

주선의 서비스 모듈에 있는 로켓을 이용해 298km의 궤도에 진입한다.

1단으로 사용될 고체 추진제 로켓은 현재 우주왕복선에 사용되고 있는 부스터용 로켓(SRB)의 길이를 늘려 추력을 높이는 개량을 한 후 사용될 계획이다. 전체 길이는 53m, 직경은 3.71m, 무게는 708톤이다. 추력은 진공에서 163만 2,000kgf(지상 추력 143만 6,000kgf)을 내는 것이 목표인데, 2003년 10월 24일에 실시된 1차 지상 연소 실험에서 설계 추력을 128초 동안 만드는 데 성공했다.

2단은 길이 25.3m, 직경 5.5m, 무게 127톤 그리고 추력은 13만 3,000kgf이다. 2단에 사용될 J-2X 엔진은 액체 산소와 액체 수소를 추진제로 사용하는 새턴 5 달로켓의 2단에서 사용된 J-2 로켓엔진을 간단하게 개량할 계획이다. 아레스 1 로켓의 전체 길이는 98m이며, 발사될 때의 무게는 910톤, 추력은 143만 6,000kgf이다.

아레스 V 로켓

아레스 V 화물 로켓의 비행 상상도

아레스 V 화물 로켓은 2단 로켓이며, 지구 저궤도에 131톤의 우주선을, 달에 65톤의 우주선을 발사할 수 있는 성능으로 개발 중이다. 형상은 가운데 직경

8.4m, 길이 64m의 1단 로켓이 있고, 좌우에 직경 3.71m, 길이 54m의 고체 추진제 추력 보강용 로켓이 있다. 그리고 직경은 1단과 같으며 길이가 23m인 2단 로켓이 1단 로켓 위에 올라간다. 2단 로켓 위에는 길이 22m의 탑재실이 마련되고, 이곳에 달 착륙선을 싣는다.

추력 보강용 로켓은 아레스 1의 1단과 같은 로켓이 이용된다. 1단 로켓에는 액체 산소와 액체 수소를 추진제로 사용하는 RS-68 엔진 5개가 사용되는데, 엔진 하나에서 발생하는 추력은 29만 4,450kgf이며, 엔진의 무게는 6,597kg이다. RS-68 엔진은 현재 우주왕복선에서 사용하고 있는 SSME 엔진보다 추력은 1.7배 크며, 제작 비용은 200억 원($20M)으로 3분의 1 가격이다. 2단 로켓엔진으로는 아레스 1의 2단에 사용되었던 J-2X 엔진 1개가 사용된다. 그리고 전체 길이는 109m이며, 무게는 3,310톤이다.

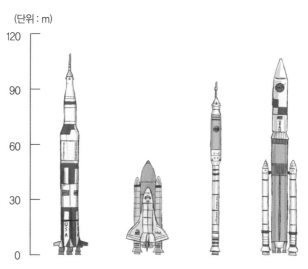

아레스 우주로켓과 우주왕복선 새턴 5 달로켓의 비교

달 비행

달 비행은 아폴로의 달 탐험과 비슷한 방법으로 한다.

- 아레스 V 화물 로켓의 부스터와 1단, 2단 로켓의 일부를 이용해 달 착륙선과 2단 로켓을 지구 저궤도에 진입시킨다.(그림 3)

- 아레스 1 로켓을 이용해 오리온 우주선을 지구 저궤도에 진입시킨다. (그림 2a)

- 오리온 우주선이 달 착륙선에 접근해 도킹한다.(그림 5)

- 아레스 V 로켓의 2단 로켓을 이용해 달 착륙선과 오리온 우주선을 달 궤도로 보낸다.(그림 7)

- 오리온 우주선의 서비스 모듈을 이용해 속도를 줄이면서 달 궤도에 진입한다.(그림 8)

- 달 궤도에서 4명의 우주비행사 중 3명이나 4명이 달 착륙선으로

옮겨 탄다.(그림 8)

- 달 착륙선은 하강 모듈의 로켓엔진을 이용해 달에 착륙한다.(그림 9)
- 달을 일주일 정도 탐색한다.(그림 10)
- 달 착륙선은 상승 모듈을 이용해 달을 이륙한 후 달 궤도를 회전하고 있는 오리온 우주선과 도킹해 우주비행사가 옮겨 탄다.(그림 12)
- 달 상승 모듈을 분리시켜 버린 후 오리온 우주선은 달 궤도를 탈출해 지구로 돌아온다.(그림 13)
- 지구 근처에서 서비스 모듈을 분리한 후 낙하산을 펼쳐 미국에 착륙한다.(그림 16)

미국은 2006년에 오리온 우주선과 아레스 로켓을 3조 9,000억 원(39억 달러)에 개발하는 계약을 록히드 마틴사와 맺었다. 이로써 미국의 새로운 우주선 개발과 달 탐사는 본격적으로 시작되었다.

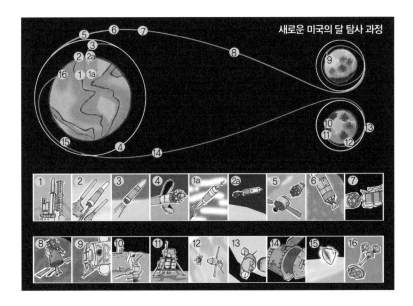

새로운 미국의 달 탐사 과정

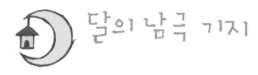
달의 남극 기지

달의 환경은 인간이 생존하는 데 최악의 상태이다. 달은 진공 상태이며, 온도는 130℃에서 −170℃까지 300℃의 큰 차이가 나는 곳이다. 또 태양에서 강력한 우주방사선이 쏟아진다. 이러한 환경은 지구 주위의 우주와 비슷한 환경이다. 그러나 달에는 달의 인력에 의해 많은 운석이 소리 없이 맹렬한 속도로 떨어지기 때문에 우주정거장보다도 훨씬 위험한 곳이다.

아이쿠~
달은 위험해~

착륙 후보지

달 기지를 건설할 후보지로는 달의 남극이 가장 유력하다. 그

이유는 다른 지역보다 태양
빛을 많이 받아 태양열의 이
용과 전력 생산, 지구와의 통
신에 유리하기 때문이다. 그
리고 우주선이 달에 착륙하
고 이륙할 때 타 지역보다 적
은 에너지가 요구된다. 뿐만
아니라 달의 남극에는 수소

오리온 우주선과 달 착륙선이 도킹해
달에 도착하는 상상도

나 얼음 등 광물 자원이 존재할 가능성이 높기 때문에 물이나 산소를
쉽게 얻을 수 있을 것으로 예상하고 있다.

　미국 과학자들이 현재까지 찾은 가장 좋은 장소는 섀클턴 크레이터 주
변(Shackleton Crater Rim)이다. 이 지역은 가로 7km, 세로 2km 정도 크기
로서 햇빛이 비치는 기간이 한 달에 50~70%로, 달에서 햇빛을 가장 많
이 받을 수 있는 지역이다. 그리고 지대가 주변보다 높아 우주선이 이착
륙하기에도 좋은 지역이다. 또 가까운 데 있는 크레이터 속에서는 얼음도
찾을 수 있을 전망이다. 1998년 3월, 무인 달 탐사선 루나 프로스펙터
(Lunar Prospector)는 이곳에서 물의 존재를 관측하기도 했다.

달 기지의 건설

　달 기지 건설은 처음에는 지형과 자원에 대한 조사를 한 뒤 '최초의
유인 달 기지' 건설을 추진할 것이다. 이 유인 달 기지는 달에서 일시적
인 거주를 위한 기지가 될 것이다. 즉, 1~2주에서 한 달 정도 머무는 기

달에 착륙해 탐사를 준비하는 상상도

지로 건설할 계획인데, 지구에서 달 기지 모듈을 제작한 후 달로 운반해서 조립해 사용하는 방식이 될 것이다. '초기 유인 달 기지'에는 기술자와 과학자가 6명 정도가 상주할 것이며, 달에서 자원 생산 활동을 시작할 것이다.

다음 단계의 달 기지는 '발전 도상의 유인 기지'가 될 것이다. 이 시기에는 달 자원을 본격적으로 생산할 것이다. 그리고 달 관광객을 위한 호텔도 이 시기에 건설될 것이다. 마지막 단계의 달 기지는 경제적으로 자립할 수 있는 수준의 달 기지가 될 것이다.

달에서 장기적으로 유인 활동을 하기 위해서는 극한적인 자연환경에서 인간을 지키기 위한 다음의 조건을 갖추어야 할 것이다.

- 기지 내의 공기가 진공인 밖으로 새지 않도록 기밀성이 높게 건설되어야 한다.
- 기지 밖의 온도가 햇빛이 비치는 곳은 130℃, 그늘진 곳은 −170℃이므로 내열성과 단열성을 갖춘 기지를 건설하고, 위치를 그늘진 곳과 햇빛이 적당히 비치는 곳으로 선택해 기지 내의 온도를 일정하게 유지하는 데 유리한 장소가 되어야 한다.
- 태양과 우주에서 오는 강력한 방사선으로부터 우주인을 보호할 수

있어야 한다.

- 운석으로부터 우주인을 보호할 수 있어야 한다.
- 달에 쌓여 있는 먼지가 달에서 움직이는 운반체의 베어링이나 우주복의 연결 조인트에 고장을 일으키는 원인이 될 수 있다는 것에 유념해야 한다.

이와 같은 극한의 환경과 열악한 조건에서 우주인을 보호할 수 있는 달 기지는 지하에 콘크리트로 건설되어야 할 것이다. 달의 기능이 확실해지고 달 자원의 이용이 본격화되면 달 기지 건설에 달의 자원으로 만든 건설 재료들이 사용될 것이다. 달에서 생산되는 재료로 만들 수 있는 건설 재료는 콘크리트이다. 콘크리트의 성분은 물과 골재 그리고 시멘트이다. 시멘트의 재료 중 수소를 제외한 나머지는 모두 달에서 구할

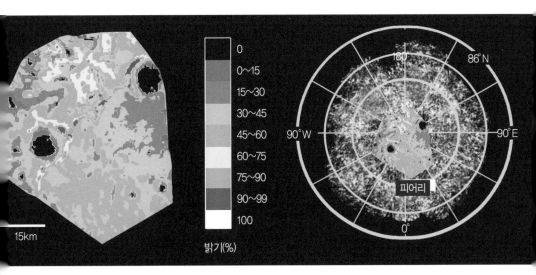

영구 달 기지의 후보지인 달의 남극 지역

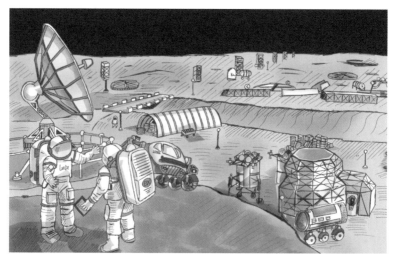

달 기지 건설 상상도

수 있다.

미국의 과학자들은 항공우주국에서 얻은 달의 모래로 물을 만드는 연구를 하고 있다. 달의 모래 속에 들어 있는 일미나이트(ilmenite : $FeTiO_3$를 주성분으로 하는 티타늄 광석)를 1,000℃의 고온에서 수소와 접촉시켜 물을 만드는 것이다. 이렇게 만든 물을 다시 전기분해해 산소를 만들어 사용할 수도 있는데, 1톤의 산소를 만드는 데 약 70톤의 달 모래가 필요하다. 또 달의 모래에는 시멘트 재료도 많이 포함되어 있어서 시멘트를 달에서도 구할 수 있을 전망이다. 달에서 만든 콘크리트는 달 기지 건설에 아주 요긴하게 사용될 수 있을 것이다. 달 표면의 극한적인 환경을 극복할 수 있는 튼튼한 달 기지 건설을 위해 시멘트는 최상의 재료이다.

무궁무진한 에너지 자원

달은 화성 탐사 등 우주 탐사의 전진 기지로도 큰 역할을 할 수 있다. 또 지구에 필요한 전기를 이곳에서 생산해 지구로 송전하는 발전 기지의 역할도 할 수 있을 것이다. 즉, 달의 극지방에 태양전지판을 많이 설치해 전기를 생산한 후 지구에서 받아 사용하는 것이다. 또 달에 원자력 발전소를 세우고 전기를 생산한 후 지구에서 사용하는 방법도 생각할 수 있다.

이렇듯 달의 자원을 이용하는 것이다. 달의 광물 자원에 대해서는 앞으로 많은 조사와 탐사가 필요하지만, 현재까지 존재가 확인된 것은 티타늄과 헬륨 3이다. 달 표면에 중국 면적만 하고 두께가 1~2km인 현무암층이 있는데, 그중 20%가 희귀 금속인 티타늄을 포함하고 있는 티탄광석이다. 특히 헬륨 3는 부가가치가 아주 높은 미래의 에너지 자원이다. 미국 위스콘신 대학교의 쿨친스키 교수는 '헬륨 3' 1톤의 가치는 40억 달러(4조 원) 이상이 될 것이라고 주장했다.

지금 미국, 유럽연합, 러시아, 중국, 인도 등 세계 각국에서 달 탐사에 심혈을 기울이는 이유 중 하나는 희귀 금속과 미래의 에너지 자원인 헬륨 3의 확보를 선점하기 위한 것이다. 특히 과학자들의 연구에 의하면 헬륨 3는 달에만 약 100만 톤가량이 있다고 한다. 이는 인류가 수천 년을 쓸 수 있는 양이다. 미래 달 탐사의 핵심 목표는 바로 에너지 자원의 확보에 초점이 맞춰져 있는 것이다.

각국의 달 탐사 계획

한국

한국의 우주개발 중장기 계획에 의하면 2008년부터 달 탐사와 행성 탐사를 국제 공동으로 시작할 예정이며, 구체적인 참여 방법을 미 항공 우주국과 협의 중이다. 따라서 2006년 12월에 선발된 우주인 후보들을 달 및 행성 탐사에 참여시킬 계획이다. 우리나라처럼 전력 생산의 많은 부분을 원자력에 의존하고 있는 나라는 장래의 핵융합 발전은 필수적 이다. 이를 위해 현재 우리나라는 대덕 연구 단지에 있는 한국기초연구 원의 핵융합센터에 '인공 태양'이라고 불리는 차세대 초전도 핵융합 연구로인 케이스타(KSTAR)를 건설하고 있다. 이 연구로에서 장차 핵융 합 실험에 성공하면 우리나라도 핵융합 연구에서 선진국 수준으로 도 약할 것이다. 그러므로 핵융합 연료인 헬륨 3을 달에서 확보하는 것은

장차 우리나라의 에너지 자원 확보 차원에서도 중요하다. 따라서 최근
시작된 국제 달 탐사 연구에 우리나라도 적극적으로 참여할 필요성이
있다.

러시아

소유스 우주선을 대체할 우주왕복선 클리퍼를 개발하고, 이를 이용
해 유인 달 탐사선을 2011~2012년 사이에 발사할 계획이다. 달 표면의
탐사 계획도 미국보다 5년 앞선 2015년에 시도할 예정이다. 그리고 달
을 돌고 오는 달 관광 상품도 개발할 예정이다. 이 상품은 우주센터를
출발해 국제우주정거장에서 일주일간 머문 다음 달에 갔다가 돌아오는
것이다.

일본

일본은 1990년에 '히텐'이라는 과학 탐사선을 세계에서 세 번째로
달에 보냈다. 일본우주항공개발기구(JAXA)는 2006년 4월에 달 연구 전

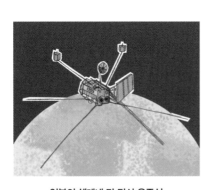

일본의 셀레네 달 탐사 우주선

담 팀을 신설했고, 달 탐험에
적극적인 계획을 세웠다. 유인
우주 비행에서 중국에 뒤져 일
본 국민들의 자존심에 상처를
입힌 일본우주항공개발기구는
2007년 여름에 셀레네(Selene)
달 탐사선을 발사해 달의 궤도

에 진입시킨 후, 달의 성분과 내부 구조 그리고 지질적인 특성을 연구하여 달의 신비를 밝힐 계획이다. 또 2016년까지 무인 로봇을 달에 보내 달의 표면 물질을 지구로 가져오고, 2025년 이전에 달에 과학 연구 기지 건설을 착수하겠다는 등 달 탐사에서는 중국에 결코 뒤질 수 없다는 각오로 계획을 추진 중이다.

중국

중국이 우주개발, 특히 달 탐험을 강력히 추진하는 목적은 국가 위상을 높이고 국민을 단결시키며 항공 기술, 재료공학, 생명공학, 전자공학 등 최첨단 과학 기술을 종합적으로 발전시키면서 미래의 에너지 자원을 확보하는 데 있다. 중국의 달 탐험 계획은 4단계로 나뉘어 있다.

중국의 달 탐사 우주선 창어 1호

제1단계는 지난 2004년에 시작되었는데, 1,750억 원을 투입해 금년 중에 무인 달 탐사선 창어(Chang'e) 1호를 달 궤도에 진입시켜 각종 자료를 수집하는 것이다.

제2단계는 2008년부터 2012년까지이며, 로봇과 로버를 달에 착륙시켜 재료를 채취하고 분석해서 자료를 받는 것이다.

제3단계는 2013년부터 2017년까지인데, 달에 무인 우주선을 착륙시킨 후 샘플을 채취해 지구로 가져오는 것이다.

제4단계는 2020년부터 2025년까지 진행되며, 유인 우주선을 달에 보내는 것이다.

인도

인도는 1억 달러를 들여 달 탐사선 찬드라얀(Chandrayaan) 1호를 2007년 9월에 발사할 계획이다. 무게 525kg의 이 달 탐사선은 100km의 달 궤도에 진입해 유럽우주기구에서 개발한 X-선 분광기와 태양 관측기 등으로 2년 동안 달 사진을 찍고 관측할 계획이다. 또 무게 20kg의 달 착륙기를 가지고 가서 달 표면에 충돌시켜 여러 자료를 관측할 예정이다.

유럽우주기구

유럽우주기구(ESA)는 최근 스마트 1호를 달에 충돌시키면서 여러 과학적인 조사를 실시했다. 스마트 1호를 달의 엑설런스 호수에 시속 7,200km의 속도로 충돌시키면서 달 표면의 수 km까지 올라오는 먼지 구름이 만들어졌고, 이 먼지구름을 분석해 달의 지질에 대한 연구를 실시했다.

과학자들은 앞으로 20년 동안 미국의 새로운 달 탐사와 영구 달 기지 건설에는 최소 1,000억 달러(100조 원)에서 최대 1조억 달러(1,000조 원)가 필요할 것으로 추정하고 있다. 미국이 혼자 부담하기에는 너무나 큰 액수이다. 일본, 중국, 인도, 러시아, 유럽연합 등 많은 나라들이 달 탐

사 계획을 경쟁적으로 세우
고 있지만, 달이나 화성 탐사
는 천문학적으로 많은 예산
을 필요로 하기 때문에 여러
나라들이 개별적으로 진행하
기는 쉽지 않을 것이다. 지금
국제우주정거장을 건설하고
있듯이 세계 각국이 모두 힘
을 합할 때 달 기지 건설과

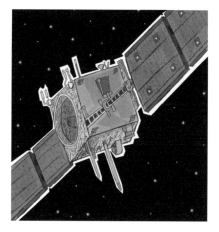

유럽우주기구의 달 탐사선인 스마트 1호

화성 탐사는 가능할 것이다.

　2006년 12월 현재 미국 휴스턴에서 열린 우주탐험회의에 참여해 미
국과 공동 달 탐사를 협의하고 있는 나라는 한국을 비롯해서 러시아,
호주, 우크라이나, 인도, 일본, 이탈리아, 독일, 프랑스, 중국, 브라질
등이다. 미국은 가능한 한 더 많은 나라들이 참여하기를 바라기 때문에
참여국은 점차 늘어날 전망이다.

　한국도 국제 공동 달 탐사에 참여하는 우주개발 중장기 계획을 가지
고 있다. 달 탐사 경험이 전혀 없는 한국은 전자 기술과 로봇 기술을 중
심으로 국제 달 탐사 계획에 적극적으로 참여하는 것이 미래의 에너지
자원을 확보하고, 첨단 기술을 발전시키며, 청소년들에게 자긍심과 개
척 정신을 심어 주기 위한 좋은 방법이다.

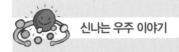

아폴로 11호의 달 탐험은 가짜인가?

　필자가 고등학교 3학년 때 미국의 암스트롱이 아폴로 11호를 타고 달에 갔다 왔다. 그가 달에 착륙해서 달 표면을 걷는 모습이 TV로 전 세계에 중계방송되었다. 그때 필자는 대학 입시 준비 때문에 TV를 한가로이 볼 수 없었던 것이 참 안타까웠다. 하필이면 왜 이때 달에 우주선을 발사해야 하나라는 생각도 많이 해 보았지만 필자가 발사 날짜를 바꿀 수 있는 것은 아니었다.

　당시 미국과 구소련의 달 착륙 경쟁은 엄청났다. 그런데 당시 구소련의 달 탐험 계획이나 준비 상태를 잘 알 수는 없었다. 왜냐하면 구소련은 우주선의 발사 계획을 미리 발표하지도 않았을 뿐만 아니라 발사에 성공한 것만 발표했기 때문이다. 그러나 구소련이 발사하는 우주선의 내용이나 결과를 보면 미국과의 경쟁이 무척 심했다는 것을 잘 알 수 있었다.

　아폴로 11호가 달로 발사되기 며칠 전에 구소련은 무인 달 탐사선 루나 15호를 발사해 달에 착륙시킨 뒤 달의 흙을 지구로 가져오는 계획을 진행하고 있었다. 루나 15호는 아폴로 11호가 성공적으로 달에 착륙한 뒤 지구로 돌아오기 2시간 전에 달 착륙을 시도하다가 실패하고 말았다. 이는 미국과 구소련이 얼마나 경쟁적으로 달 탐험을 했는지를 잘 보여 주는 대목이다. 지금 인터넷이나 케이블 방송에 소개되는 것처럼 미국의 아폴로 11호의 달 탐사가 가짜였다면 다른 나라는 몰라도 달에 미국보다 먼저 가려고 경쟁을 펼쳤던 구소련은 잘 알았을 것이므로 가만히 있지 않았을 것이다. 또한 지구 중력의 6분의 1인 달에서 우주인이 걷는 모습도 지구에서는 인공적으로 만들기 힘든 장면이었다.

　지금 달에는 미국과 구소련에서 보낸 많은 우주선들이 그대로 잘 보존되고 있다. 새로운 달 탐사 계획이 예정대로 진행된다면 2020년에는 달 표면에서 옛날에 달에 남겨 둔 우주선들이나 달 자동차를 다시 볼 수 있을 것이다.

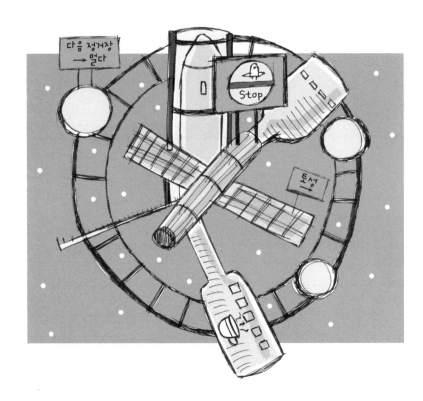

　　인공위성이 발사에 성공하고 인류가 우주를 비행하기 시작하면서 많은 우주과학자들은 우주에 정거장을 건설하는 꿈을 갖게 되었다. 우주에 정거장을 건설할 수만 있다면 편리하게 우주를 개발할 수 있을 것 같았다. 이곳에서 우주인들이 쉬기도 하고, 우주선도 수리하며, 달에도 가고 화성에도 갈 수 있을 것이다. 마치 기차가 서울역에서 대전도 가고 부산도 가듯이 말이다.

　　우주정거장은 우주에 작은 기지를 건설하는 것이다. 우주정거장 건설을 먼저 시작한 나라는 구소련이었다. 구소련의 유인 달 탐험 방식은 우선 지구 궤도에 작은 우주선을 발사한 후 그곳에서 결합해 큰 우주선을 만들고, 이 우주선으로 달에 갔다 오는 것이었다. 따라서 구소련은 일찍부터 우주에서 우주선끼리 랑데부하고 도킹하는, 즉 두 개의 우주선이 하나로 결합하는 연구를 많이 했다. 이러한 이유로 구소련의 우주개발에서 가장 근본이 되는 것은 우주정거장이었다. 그리고 세계 곳곳에 식민지를 많이 건설한 나라가 세계를 지배한다고 믿었듯이, 우주정거장을 먼저 건설하는 나라가 우주를 지배할 수 있다고 믿었던 것이다.

첫 우주정거장인 살류트 1호

첫 우주정거장은 1969년부터 설계가 시작되어 1970년에 제작을 완료했고, 1971년 4월 19일에 성공적으로 200km의 지구 궤도로 발사된 구소련의 살류트 1호이다.

살류트 1호 우주정거장은 크게 네 부분으로 나뉘어 있었다. 앞부분부터 나열하면 소유스 우주선과 도킹할 수 있는 도킹 장치와 우주정거장으로 우주인이 들어오는 에어로크 통로, 작은 작업실, 큰 작업실 그리고 추진 기관 모듈 등이 연결되어 있었다.

전체 길이는 15.8m, 최대 직경은 4.15m, 최소 직경은 2m였으며, 전체 무게는 19톤가량 되었다. 작은 작업실의 크기는 길이 3.8m, 직경 2.9m였는데, 이곳은 우주인의 휴식과 우주정거장의 자세 제어 및 온도 조절 그리고 지상과의 통신을 하는 곳이었다. 큰 작업실에는 음식 저장

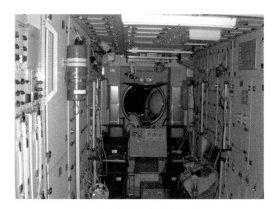
러시아의 우주정거장 내부 모습

고와 물탱크, 화장실, 운동 기구와 망원경, 카메라, 과학 실험 기구 등이 있었다.

살류트 1호에 필요한 전기는 설치된 태양전지판에서 공급되었다. 그러나 살류트 1호에 방문했던 소유스 11호가 귀환하면서 사고가 발생해 탑승 우주인이 모두 사망했고, 따라서 소유스 우주선의 우주정거장 방문도 연기되면서 살류트 1호는 지구로 추락하고 말았다.

구소련은 이어서 살류트 2호부터 7호까지 계속해서 발사하면서 많은 문제점을 개선해 가며 우주정거장 연구를 진행했다. 그러면서 우주정거장 개발에 자신감이 생겼다.

본격적인 우주정거장인 미르

구소련의 미르 우주정거장은 살류트 우주정거장을 건설하면서 쌓은 경험과 기술을 바탕으로 1986년 2월 20일에 무게 20.4톤짜리 본체 모듈이 발사됨으로써 건설되기 시작했다. 그리고 1987년 3월에는 무게 11톤의 크반트 모듈이, 1989년 12월에는 무게 19.6톤의 크반트-2 모듈이 발사되었다.

그리고 1990년 6월에는 크리스털과 스펙트라가, 마지막으로 1996년 4월에는 프리로다가 발사되어 총 6개의 모듈을 결합해 건설을 시작한 지 10년 만에 전체 무게 137톤의 거대한 우주기지가 우주에 건설되었다. 길이는 약 45m, 폭 또한 30m 정도이며, 91.5분에 한 번씩 적도와 51.6°의 경사로 만들어진 비행 궤도를 돌았다. 정거장에서 근무할 우주인을 교대할 때에는 소유스 유인 우주선을 이용했고, 정거장에 필요

러시아의 스타시티에 우주인
훈련용으로 있는 미르 우주정거장

한 각종 물자의 공급은 프로그레스 무인 우주화물선이 맡았다.

미르 우주정거장의 각 모듈은 직경 3.5m, 길이 10m 내외의 원통형의 형태로서 무게는 20톤 이내로 만들어졌고, 프로톤 로켓으로 발사해 지상 350km의 우주에서 도킹하여 조립하는 방식으로 건설되었다.

미르의 본체

미르 우주정거장의 본체는 길이 13.13m, 최대 지름 4.15m, 무게 20톤이었으며, 우주에서 10년 정도 활용할 수 있게 설계되었다. 본체는 크게 세 부분으로 구성되어 있었는데, 제일 앞부분에 5개의 도킹 포트(docking port)가 있었고, 그 뒤로 작은 작업실과 생활공간이 있었으며, 뒷부분은 자세 조정용 추진 기관과 또 다른 1개의 도킹 포트가 있는 추진 기관부가 있었다.

그리고 미르 우주정거장 본체에는 모두 6개의 도킹 포트가 있어서 모두 여섯 가지의 우주선이나 구조물과 결합할 수 있게 설계되었다. 그런데 미르 본체의 크기는 살류트 7호와 비슷했지만 생활공간은 무척 넓어졌다. 이는 살류트 7호에 있던 천체망원경을 없애고 그 자리를 생활공간으로 만들었기 때문이다.

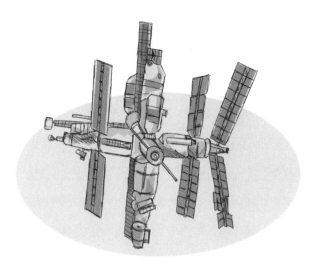

미르의 완성된 모습

본체에는 2명의 승무원을 위한 취사실과 접는 식탁이 있었으며, 2명의 승무원이 각각 잠을 자거나 개인적으로 지낼 수 있는 독자적인 칸막이 방이 있었다. 이 칸막이 방에는 접는 의자, 거울, 침낭, 밖을 볼 수 있는 작은 창문 등이 있어서 잠을 자고 혼자서 쉴 수 있었다.

생활공간과 작업실이 뚜렷하게 구분되어 있었던 것은 아니지만, 내부 직경이 작은 쪽에 우주정거장 전체를 조정할 수 있는 중앙 조정대가 있었고, 중앙에 운동 기구용 자전거가 있었으며, 식탁 및 작업용 책상으로 사용할 수 있는 4인용 크기의 책상과 3개의 의자, 그리고 그 뒤에 조깅용 운동 기구가 설치되어 있었다. 이것들 좌우에는 개인용 침실이 마련되어 있어서 두 사람이 생활하기에는 그다지 좁지 않은 공간이었다.

크반트 1호 모듈

미르 본체의 추진 기관부 뒤쪽에는 크반트 1호 모듈이 부착되어 있었다. 크반트 모듈은 길이 5.8m, 지름 4.15m였으며, 앞부분에는 미르 우주정거장 본체와 결합할 수 있는 도킹 포트가 있었다. 뒷부분은 각종 우주과학 실험 기구와 망원경이 장치된 실험실로 구성되어 있었다.

크반트 1호에는 '자이로딘스(Gyrodins)'라는 새로운 자이로스코프가 있어서 우주정거장의 자세 조정에 이용되었는데, 태양전지에서 얻는 전력을 사용했다. 그리고 천체망원경으로는 구소련에서 만든 펄서(Pulsar)-1 X-선 광각망원경, 유럽우주기지에서 제작한 사이렌(Sirene)-2 분광기, 그리고 서독제 포스위치(Phoswich) X-선 망원경 등이 실려 있어서 우주과학 연구를 본격적으로 할 수 있게 되어 있었다.

크반트 모듈의 무게는 11톤이었는데, 1.5톤의 각종 실험 기구와 2.5톤의 화물을 싣고 1987년 3월 31일에 발사되었다. 발사될 때 크반트 1호의 뒷부분에 무게 9.6톤짜리 서비스 모듈을 붙여 크반트 1호가 미르 본체와 우주에서 도킹할 수 있도록 도와준 후 도킹에 성공한 뒤에는 크반트 1호와 분리되어 지구로 떨어지게 했다.

이 외에 크반트 2호와 크리스털호가 미르 우주정거장의 본체 도킹 포트 상하에 수직으로 각각 부착되어 있었다. 크반트 2호는 길이 13.73m, 최대 지름 4.35m, 무게 18.5톤이었으며, 우주비행사가 우주정거장 밖으로 나갈 수 있는 큰 출입문이 설치되어 있었다.

화물 보급선인 프로그레스

미르 우주정거장에는 정기적으로 소유스 우주선과 프로그레스 화물선이 왕래했다. 소유스 우주선은 우주인을 태우고 다녔고, 우주정거장에 필요한 여러 화물은 소유스 우주선을 개조해 만든 무인 화물선이 공급해 주었다. 미르에서 필요로 하는 우주인의 음식, 물 등 각종 보급품과 우주정거장의 운영에 필요한 추진제(자세 및 궤도 조정용 로켓의 연료) 등을 정기적으로 공급한 것이다. 프로그레스 우주화물선의 길이는 7.94m, 지름은 2.7m, 무게는 7톤이었는데, 한 번에 3톤의 화물을 우주정거장으로 운반할 수 있었다. 이 화물 중 약 1톤은 정거장에 공급할 추진제의 무게였다.

1987년 4월 21일에 미르로 발사된 프로그레스 29호가 우주정거장으로 싣고 간 물건들을 살펴보면 다음과 같다. 우주인용 음식 250kg, 촬영용 필름 140kg, 편지·신문·물 170kg, 과학 실험 기자재 138kg, 교환용 부품 275kg, 개인위생 용품 등 모두 1.2톤에 해당되는 포장된 화물과 우주정거장 조정용 로켓 추진제 750kg 등이었다. 그런데 화물선

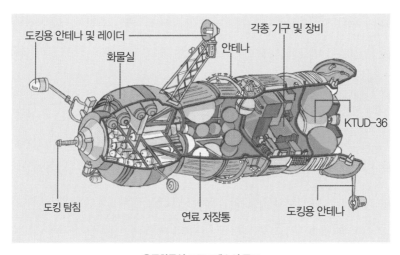

우주화물선 프로그레스의 구조

은 1회만 사용된 후 태평양에 수장시켜 버린다. 따라서 프로그레스 29호는 발사한 지 21일 만인 5월 12일에 태평양에 수장되었다.

미르 우주정거장의 최후

2001년 1월 6일 아침 10시경, 미르 우주정거장의 최저 고도가 295.8km였다. 원래의 정상 궤도가 380~410km였으므로 비행 궤도가 정상보다 85km나 낮아진 셈이었다. 하루에 500m씩 고도가 낮아지고 있었는데, 낙하 속도는 지구에 가까울수록 공기와의 마찰 때문에 더욱더 빨라지고 있었다.

러시아 총리는 1월 5일에 우주정거장 미르의 활동을 중단하는 정부령에 서명함으로써 당국과 관련 업체들은 미르의 안전한 궤도 수정과 태평양 상의 폐기를 위한 준비 작업에 본격 착수하게 되었으며, 이를 위해 정부 부처 간 위원회가 구성되었다. 러시아 항공우주국은 1월 16일에 무인 우주화물선인 프로그레스를 발사해 궤도 수정 및 폐기에 필요한 연료를 미르 우주정거장에 마지막으로 공급했다.

러시아는 3월 23일 오전 9시 30분과 오전 11시 두 차례에 걸쳐 프로그레스 M 1-5 화물선에 부착된 역추진 로켓을 점화시켜 속도를 줄였다. 오후 2시 7분, 이집트 상공 159km에서 마지막으로 역추진 로켓을 점화시켜 대기권에 돌입시켰으며, 오후 2시 28분부터 2분간 북한 상공으로 들어와 강원도 철원을 통과한 후 일본을 거쳐 2시 57분에 피지 남동부(서경 160도, 남227위 40도)의 폭 200km, 길이 5,000~6,000km의 남태평양 바다에 성공적으로 미르호의 파편들을 떨어뜨렸다.

러시아 우주개발의 상징이던 미르 우주정거장의 폐기 문제가 나오기 시작한 것은 예상 수명 10년을 넘긴 1997년부터였다. 1997년은 미르 우주정거장으로서는 최악의 해였다. 1997년 2월에는 산소 재생기가 폭발했고, 6월에는 우주화물선 프로그레스가 도킹 시험 도중 정거장의 모듈과 충돌함으로써 정거장 내의 압력이 줄어드는 사고가 발생했다.

또 7월에는 탑승한 우주인이 전원 플러그를 일찍 차단함으로써 표류하기도 했으며, 8월에는 화물선과의 도킹 중 주 컴퓨터가 고장 나서 표류하기도 했다. 1999년 당시 러시아 정부는 미르를 2000년 상반기에 수장시킬 계획이었으나, 수리해서 좀 더 사용하자는 의견에 밀려 조금 더 운영했었는데 2000년 12월 말엽에 20시간 가까이 지상과의 통신이 두절되는 비상사태가 발생하면서 최종적으로 태평양에 수장시키기로 결정되었다. 미르가 무척 큰 무인 우주선이기는 해도 시간이 좀 더 지나 치명적인 고장이 발생해서 우주정거장과 지상과의 통신이 안 된다면 계획한 지점에 안전하게 추락시키는 것도 어려울 수 있었기 때문이다.

우리나라도 미르 우주정거장이 태평양에 추락하면서 마지막으로 지나가는 길목이었으므로 혹시 잘못 조정되어 우리나라 영토나 근처 바다에 떨어질 것에 대비해 항공우주연구원을 중심으로 특별대책반이 구성되어 비행 궤도를 계산하는 등 여러 가지 준비를 했었는데, 다행히 러시아 우주청이 예정된 지점에 정확하게 추락시켰다.

우주정거장처럼 큰 우주 물체는 발사하여 우주에서 조립하는 것도 어렵지만 수명이 지난 후에 추락시키는 것도 대단한 기술이 필요하다. 특별히 우주정거장처럼 형태가 복잡하게 생긴 물체는 지구에 추락할 때 대기권에서 공기와의 마찰에 의한 영향을 정확하게 예측하는 것이 쉽지 않다. 러시아가 오래전부터 우주정거장을 운영하면서 그곳에 각종 물품을 공급하는 프로그레스 우주화물선을 발사한 후 태평양에 많이 수장시켰던 경험이 이때 잘 활용되었던 것이다.

미르 우주정거장은 1986년에 건설된 이후 태평양에 수장되었을 때까지 15년 동안 12개국에서 104명의 우주인이 그곳을 방문했으며, 그동안 지구를 8만 6,331회나 돌았다.

미국의 우주정거장인 스카이랩

아폴로 계획이 끝날 즈음 스카이랩(Skylab : 우주실험실) 계획이 준비되었다. 스카이랩 계획은 본격적인 우주정거장의 시작이기도 했다. 이 계획은 미국 항공우주국에서 아폴로 계획에 사용했던 새턴 5 로켓의 제3단 로켓의 추진제 통을 개조해 각종 우주 실험을 할 수 있도록 우주실험실을 만들어서 지구 궤도에 올려놓는 것이었다.

스카이랩의 비행 모습

스카이랩의 총 무게는 74.7톤이었고, 길이 17.5m, 지름 6.7m였다. 새턴 5 로켓의 3단계 로켓 내부는 2개의 커다란 추진제 통으로 되어 있

었다. 상부에 있는 커다란 방은 연료인 액체 수소를 담아 두었던 방이
었고, 하부의 조그만 방은 산화제인 액체 산소를 담는 통이었다. 그러
나 개조 후에는 아래의 조그만 방을 우주인의 화장실과 기타 우주선 속
에서 생기는 오물을 처리하는 쓰레기통으로 쓰도록 만들었다. 상부의

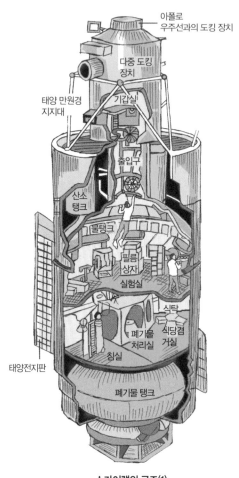

스카이랩의 구조(1)

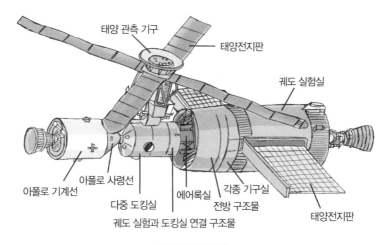

태양 관측 기구
태양전지판
궤도 실험실
아폴로 기계선
아폴로 사령선
다중 도킹실
에어록실
각종 기구실
전방 구조물
궤도 실험과 도킹실 연결 구조물
태양전지판

스카이랩의 구조(2)

큰 방은 다시 상하 두 부분으로 나누어 아래에는 거실을 만들었고, 위에는 실험실을 만들었다. 거실은 다시 침실, 업무실, 주방, 목욕실로 나뉘었다.

　스카이랩의 내부는 당시까지 우주에 올라갔던 어떤 종류의 우주선보다 넓었다. 그 속에서 충분히 먹고 자며 자유롭게 움직일 수 있을 만큼 여유가 있었다. 식탁 의자도 있었으며, 개인 침대도 있었다. 다리 운동을 할 수 있도록 페달이 달린 자전거의 뒷바퀴도 설치되어 있었다. 목욕실에서는 샤워를 할 수 있도록 더운 물이 흘러나왔고, 수분을 제거한 갖가지 음식이 준비되어 있었을 뿐만 아니라 방의 조명도 기분에 따라 바꿀 수 있었다. 침실에는 개인 침대 3개가 있었는데, 모두 세워져 있었다. 식당의 한쪽 벽에는 원형 창문이 나 있어서 이 창문을 통해 지구의 경치를 감상하며 식사를 할 수 있었다. 이렇듯 스카이랩은 일종의 초호화판 우주 호텔이었던 것이다.

미국 헌츠빌 로켓공원에 전시 중인 스카이랩 모형

스카이랩 1호는 1973년 5월 14일에 새턴 5 로켓에 실려 422~442km 의 지구 궤도로 발사되었다. 그리고 새턴 5 로켓의 반 정도 되는 크기인 새턴 1B 로켓으로 3명이 탑승한 아폴로 우주선이 세 번 발사되어 스카이랩에서 각종 실험과 연구를 하고 돌아왔다.

스카이랩에는 모두 6개의 대형 태양전지판이 붙어 있었는데 발사될 때는 모두 접었다가 우주 공간에서 다시 펴게 되어 있었다. 그러나 몸통에 붙어 있던 것 중 하나는 펼쳐지는 과정에서 서로 엉키는 일이 생겨 결국 하나만 작동되어 스카이랩이 필요로 하는 전력을 생산하는 데 문제가 있었다. 스카이랩의 비행 목적 중 가장 큰 것은 인간이 우주(무중력 상태)에서 오랫동안 생활할 때 신체적으로 생기는 문제점 등에 대한 연구였다. 인체 내의 신진대사와 세포의 변화 그리고 몸의 각 부분과 뼈대에서 일어나는 영향과 그 외에 에너지의 소모량, 우리 몸의 수분 배출량을 조사·연구했다. 그리고 우주 실험에서는 무중력 상태 속에서 거미의 줄 치는 모습 연구와 금속 가공 실험 등도 행해졌다.

국제우주정거장

국제우주정거장의 건설 계획

국제우주정거장(ISS) 계획은 1984년 1월에 미국의 레이건 대통령이 구소련의 우주정거장 계획에 자극을 받아 연두교서에서 "미국은 10년 이내에 국제우주정거장을 건설한다."고 발표하면서 시작되었다. 이에 따라 미국을 중심으로 프랑스, 독일, 캐나다, 일본 등이 공동으로 개발하는 국제우주정거장 '프리덤' 계획이 만들어졌다. 그러나 수백조 원의 예산 문제로 프리덤 계획은 취소되었고, 전체 규모를 몇 번씩 축소한 끝에 결국은 러시아까지 참여시키는 새로운 계획인 '국제우주정거장'이 1993년 12월에 최종적으로 결정되었다. 레이건 대통령이 우주정거장 건설을 발표한 지 10년 만에 이루어진 것이다.

현재 진행 중인 'ISS' 계획은 지난 1994년부터 2005년까지 3단계로 나뉘어 진행될 예정이었다. 1단계는 1994년부터 1997년 11월까지였으며, 이 3년간은 우주정거장 건설의 준비 기간이었다. 이 기간 동안에는 러시아의 미르 우주정거장을 이용해 미국 우주비행사들의 우주 생활 적응 훈련과 미국의 우주왕복선과 미르와의 결합 훈련 등을 실시했다.

9년 전에 시작된 건설

2단계 건설 기간은 1997년 11월부터 2001년 7월까지였으며, 실제적으로 우주에서 우주정거장을 조립하고 승무원들이 우주 생활 및 자유로운 활동을 시작했다. 그러나 러시아에서 제작하기로 한 첫 번째 발사 모듈인 '자랴(Zarya : 화물선 기능의 모듈)'의 제작 및 발사 준비가 되지 않아 원래 계획보다 1년 연기되어 1998년 11월에 첫 부품이 우주에 발사되었다.

국제우주정거장의 첫 모듈인 자랴의 전체 무게는 20톤이었으며, 직경 3~4m, 길이 15m의 원통형 구조물로서 스스로 자세를 조정할 수 있는 자세 제어 시스템과 전력을 생산할 수 있는 태양전지판 그리고 우주선과 접근 및 결합할 수 있는 능력을 갖추고 있는 중요한 국제우주정거장의 초기 몸체였다. 이것은 미르 우주정거장을 건설한 경험이 있는 러시아에서 설계 및 제작을 했다.

이어서 미국에서 제작된 두 번째 우주정거장 모듈인 무게 15톤의 '유니티(Unity)'가 발사되었다. 당초 1998년에 발사 예정이었던 세 번째 모듈 '즈베즈다(Zvezda : 별)'도 1999년 7월 12일 오후에 발사되었다. 즈베즈다는 22톤이었으며, 길이는 12.9m, 직경 3~4m의 원통형으로서 맨 처음 발사되어 우주에 떠 있는 자랴, 유니티와 연결되어 우주인이 거주할 수 있는 우주정거장의 주거지 역할을 했다. 즈베즈다에는 3명의 우주인이 거주하면서 국제우주정거장의 자세와 궤도를 조종하는 기계선의 역할도 했다.

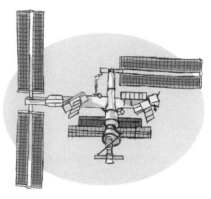

2007년 봄 현재 국제우주정거장의 모습

  2000년 12월에는 길이 72m, 폭 11.4m, 무게 15.7톤짜리 태양전지판과 확장용 구조재를 성공적으로 설치했다. 그리고 2001년 2월에는 3단계 계획의 시작으로 길이 8.4m, 직경 4.8m, 무게 13.5톤의 '데스티니' 연구 모듈을 설치했다.

  2002년 7월 15일, 드디어 미국은 우주왕복선 아틀란티스호로 운반해 간 무게 6.5톤의 기밀식 출입구를 국제우주정거장 알파 모듈에 설치하는 데 성공했다. 이로써 국제우주정거장의 건설 작업은 본격적으로 이루어지게 되었다. 기밀식 출입구가 부착되기 전에는 미국의 우주왕복선이나 러시아 우주선이 와서 도킹하지 않으면 우주정거장 속에 있는 우주인이 밖으로 나갈 수 없었다. 그러나 이제 우주정거장에 문제가 생겼을 때나 새로운 모듈을 설치할 때 우주인이 밖으로 나가 고장을 수리하거나 도울 수 있게 되었다.

  2006년 9월 9일에 발사된 아틀란티스호는 길이 73m, 무게 17.5톤짜리 태양전지판이 부착된 트러스를 우주정거장에 설치해 전기 생산량을 2배로 키웠다. 그리고 2007년 4월 현재까지 조립된 국제우주정거장의 무게는 213.56톤이며, 최대 길이는 58m, 태양전지판을 펼친 최대 폭은 73m, 최대 높이는 27.4m의 거대한 우주정거장의 모습을 점차 갖추어 가고 있다.

앞으로의 건설 계획

당초 국제우주정거장은 2005년 말을 완공 목표로 유럽, 일본, 러시아, 미국 등 16개국에서 각 모듈이 제작되었고, 미국이나 러시아의 로켓으로 발사해 우주에서 조립했다. 그러나 2003년 2월 1일에 우주정거장으로 발사되었다가 귀환하던 우주왕복선 컬럼비아호가 대기권에 진입하면서 폭발하는 사고가 발생해 그 사고 조사와 우주왕복선을 개량하는 작업 때문에 2년 이상이 소요되었고, 이 기간 동안 10회 이상의 우주왕복선 발사가 취소되어 국제우주정거장 완공 예정일도 당초 계획보다 많이 연기되었다.

따라서 현재의 계획대로 진행된다면 2007년 중에 5회, 2008년 중에 6회, 2009년 중에 5회, 그리고 2010년 중에 3회 등 모두 19회를 더 발사하여 2010년 7월까지는 완공한다는 계획이다. 이 19회의 발사 중에는 일본의 H-2a와 유럽우주기지의 아리안-5, 러시아의 프로톤 우주로켓의 발사도 포함되어 있다. 그러나 러시아의 유인 우주선인 소유스 우주선의 발사는 포함시키지 않은 것이다.

국제우주정거장은 모두 36개 부분으로 구성되고, 완성 후의 전체 무게는 460톤에 길이도 88m나 되는 초거대 우주구조물이 되어 최대 3~4명까지 우주에 머물면서 활동할 수 있을 것이다.

우주정거장의 관측

국제우주정거장은 현재 우주에 떠 있는 인공 구조물 중 최대로 큰 물체이기 때문에 지구에서도 쉽게 관측된다. 2008년 4~5월이면 우리나라 최초의 우주인이 러시아의 소유스 우주선을 타고 국제우주정거장에 가서 일주일 동안 머물게 될 것이다. 우리 우주인이 머물 국제우주정거장을 직접 관측하는 방법은 다음과 같다.

우선 인터넷 사이트 http://Spaceflight.nasa.gov/realdata/sightings/index.html에 들어가서 'Sighting Opportunities'의 'country' 창에서 'South Korea'를 찾아 놓고 'go to country'를 클릭하면 오산(Osan), 포항(Pohang), 부산(Pusan), 서울(Seoul)이 뜬다. 서울 근처에 거주하는 사람들은 서울을 클릭하면 현지 시간으로 몇 시에 몇 분 동안 하늘의 어느 위치를 지나가는지를 알 수 있는 자료가 나온다.

예를 들어 서울에 다음 표와 같은 자료가 보인다고 가정하자.

Satellite	LOCAL DATE/TIME	DURATION (MIN)	MAX ELEV (DEG)	APPROCH (DEG–DIR)	DEPARTURE (DEG–DIR)
ISS	Tue Nov 14/06:22AM	4	66	10 above WSW	31 above NE

둘째 칸의 자료는 우주정거장을 서울에서 볼 수 있는 날짜와 시간이다. 즉 서울에서는 11월 14일 오전 6시 22분부터 4분 동안 하늘에서 우주정거장을 볼 수 있는데, 제일 높은 지점은 수평선으로부터 66°(90°인 경우는 바로 머리 위의 하늘을 뜻하는 것임) 하늘 위를 지나간다는 내용이다. 다섯째 칸은 우주정거장이 보이기 시작하는 방향과 높이를 나타낸다.

즉, 서남서쪽 하늘에서 수평면으로부터 10° 위에서 보이기 시작한다

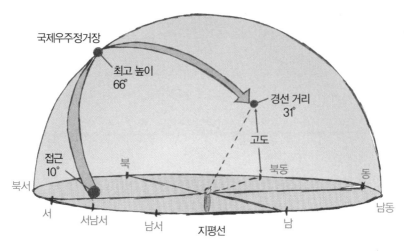

국제우주정거장

최고 높이
66°

경선 거리
31°

고도

접근
10°

북

북동

동

북서

서

서남서

남서

지평선

남

남동

국제우주정거장의 위치

는 뜻이다. 여섯째 칸은 마지막으로 보이는 지점을 표시한 것인데, 북서
쪽 하늘 31° 위에서 마지막으로 보이고 사라진다는 뜻이다. 이 자료를
잘 이용해 여러분들도 지구를 돌고 있는 국제우주정거장을 직접 확인해
보기 바란다. 쌍안경으로 보면 더욱 또렷하게 잘 볼 수 있을 것이다.

우주정거장에서 얻게 되는 것들

우주정거장은 무중력 상태이다. 우주왕복선이나 소유스 유인 우주선
이 우주 비행을 할 때에도 무중력 상태가 만들어진다. 물론 지상에서도
비행기가 한 번에 20~30초 정도 무중력 상태를 만들기는 하지만, 우주
정거장에서처럼 오랜 시간 동안 만들지는 못한다. 앞으로 우주정거장
의 건설이 완성되면 우주정거장의 환경, 즉 진공과 무중력 상태를 활용
한 연구가 활발히 진행될 계획이다. 무중력 상태에서는 무거운 것과 가

벼운 것의 구별이 없기 때문에 특수한 합금을 만들 수 있을 것이다. 지상에서는 무게가 무거운 재료들이 아래로 내려오고 가벼운 것이 위로 가기 때문에 무게가 서로 다

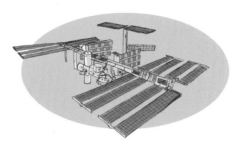

완성된 국제우주정거장의 상상도

른 재료들을 균일하게 섞을 수 없지만, 무중력 상태에서는 잘 섞을 수 있는 것이다. 특히 특수금속 분야에서는 강철보다 강하고 코르크보다 가벼운 물질 등을 만들 수 있을 것이다. 탄산가스를 넣은 기포 상태의 금속이 바로 그것인데, 우주에서는 아주 쉽게 만들 수 있다.

무중력과 진공 상태에서 반도체를 만들면 지상에서 만든 반도체보다 수십에서 수백 배 성능이 우수한 반도체를 만들 수 있다는 연구 결과도 발표되었다. 수정 같은 결정도 지상보다 무척 빠르게 성장시킬 수 있었다. 실제로 러시아는 미르 우주정거장에서 키운 우주수정을 한 개에 7억 원에 판매하기도 했다.

또 지상에서는 제조하기 힘든 특수한 단백질이나 약도 개발할 계획이다. 그리고 앞으로 유인 화성 탐사를 위한 우주인의 장기 무중력 적응 훈련 연구도 우주정거장의 활용에서 중요한 것이다. 과학자들은 우주정거장에서 우주 환경, 즉 무중력 상태를 이용한 연구를 실시한다면 지상에서는 상상조차 하기 어려울 정도로 다양한 분야에서 훌륭한 결과가 나올 수 있을 것으로 예측하고 있다.

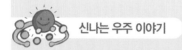

우주정거장의 모양

공상과학 영화나 우주 영화에 등장하는 우주정거장은 지금 건설하고 있는 국제 우주정거장이나 구소련의 미르와는 달리 직경이 수십 m에서 수백 m 되는 큰 바퀴처럼 생겼다. 그리고 바퀴의 중심을 스스로 회전한다. 이처럼 도넛이나 바퀴처럼 둥글게 구상했던 것은 우주정거장에 중력을 만들어 무중력 상태에서 생기는 문제를 해결하려는 이유 때문이다.

그러나 이러한 형태로 우주 공간에 우주정거장을 건설하는 데는 시간도 많이 걸리고 건설비도 무척 많이 들기 때문에 지금과 같은 형태, 즉 지구에서 운반해서 편하고 조립하기 좋은 형태로 만드는 것이다.

현재 우주에 건설하고 있는 국제우주정거장은 여러 조각의 모듈로 만든 후 우주로 운반하여 조립하는 방법을 사용하고 있다. 그리고 우주로 운반하는 방법은 미국의 우주왕복선에 싣고 가든지 러시아의 프로톤 우주로켓에 싣고 간다.

프로톤 우주로켓은 지구 350km의 저궤도에 직경 4m, 길이 12m, 최대 무게 19.7톤의 모듈이나 화물을 올릴 수 있다. 우주왕복선도 직경 4m, 길이 15m, 최대 무게 25톤까지 싣고 우주로 올라갈 수 있다. 따라서 현재 건설하고 있는 우주정거장 모듈도 우주왕복선이나 프로톤 로켓에 싣기에 적당한 크기로 만든 다음 지구 궤도로 운반한 뒤 조립해서 우주정거장을 건설하는 것이다.

미래에 지금보다 더 큰 화물을 쉽게 우주로 운반할 수 있는 우주로켓이나 새로운 방법이 생기면 처음에 과학자들이 상상했던 것과 비슷한 모양, 즉 도넛이나 바퀴 모양의 우주정거장도 등장하게 될 것이다.

키워드

가스 기구(gas balloon)
가스를 연소시켜서 발생하는 열을 이용하는 기기이다.

공전주기(公轉週期, sidereal period)
한 천체가 다른 천체의 주위를 한 바퀴 도는 데 걸리는 시간을 말한다.

기구(氣球, balloon)
동력이 없이 고무를 입힌 천(현재는 염화비닐) 등의 기낭(氣囊)에 채워 넣은 가스의 정적 부력(靜的浮力)에 의해 떠오르게 만든 물체이다.

기압(氣壓, atmospheric pressure)
어떤 높이에서의 공기의 압력을 말한다. 공기 내의 어떤 점의 압력은 모든 방향으로 균일하지만, 어떤 점의 기압이란 그 점을 중심으로 한 단위면적 위에서 연직으로 취한 공기 기둥 안의 공기의 무게를 의미한다.

대륙간탄도탄(ICBM)
미국의 장거리 전략미사일이다. 대륙간탄도미사일을 대륙간탄도탄이라고도 한다. 미국보다 구소련이 1957년 8월에 먼저 개발했고, 미국은 1959년에 실용화했다. 일반적으로 5,000km 이상의 사정거리를 가진 탄도미사일을 말하며, 보통 메가톤급의 핵탄두를 장착하고 있다.

도킹(docking)
우주선이 우주 공간에서 다른 비행체에 접근해 결합하는 일이다.

등유(燈油, kerosene)
원유에서 분별 증류해 얻은, 끓는점의 범위가 180~250℃인 석유이다.

랑데부(rendez-vous)
두 개의 우주선이 같은 궤도로 우주 공간에서 만나 서로 나란히 비행하는 것이다.

발사대
미사일이나 우주선을 발사시켜 방향을 주는 장치이다.

밴 앨런 복사대(Van Allen radiation belt)
지구의 극축에 대해서 좌우대칭인 고리 모양으로 지구를 둘러싸고 있는 높은 에너지 입자의 무리를 말한다. 이 입자들은 대부분 양성자로 되어 있으며, 빠른 전자도 포함되어 있다.

비추력(比推力, specific impulse : Isp)
로켓 추진제의 성능을 나타내는 기준이 되는 값이다.

비화창(飛火槍)
글자 뜻 그대로 날아가는 불 창이다. 창의 앞부분에 매달아 놓은 통에 화약을 넣고 발사하면 통 속의 화약이 맹렬히 타면서 연소 가스를 뒤로 분출하는데, 그 반작용으로 앞으로 날아가는 것이다.

사령선(CM : commend module)
사령선은 우주비행사가 탑승해 거기에서 지내면서 지구까지 돌아오는 유일한 부분이다. 우주비행사의 안전 비행을 위한 단열(斷熱)과 우주먼지나 유성(流星)의 파편과의 충돌을 이겨 낼 수 있게 이중의 구조로 되어 있다.

산화제(酸化劑, oxidizing agent)
산화를 일으키는 물질로서 산소의 공여, 수소 또는 전자 빼앗기, 산화수 증가의 작용을 일으키는 물질이다. 과산화물, 산소산, 고산화수 화합물, 할로겐 등이 있다.

스윙바이(swingby)
목표로 하는 행성이나 중도 행성의 중력의 장(場)을 이용해 진로나 궤도를 제어하는 우주선의 비행 경로를 말한다.

액체 산소(液體酸素, liquid oxygen)
산소를 액체 상태로 만든 것이다.

양성자
중성자와 함께 원자핵을 구성하는 소립자의 하나로서 질량과 양전하를 가진다.

열기구(熱氣球, hot-air balloon)
커다란 공기주머니에 강한 불꽃을 쏘아 올려서 생기는 공기의 부력을 이용해 나는 비행 기구이다.

운석(隕石, meteorite)
유성체가 대기 중에서 완전히 소멸되지 않고 지상에까지 떨어진 광물의 총칭이다.

유도 장치
1. 차량, 항공기, 선박 따위를 유도하기 위해 침로를 지시 또는 탐지하는 장치이다. 대부분의 경우 원격 제어 또는 자동 제어를 행한다.

2. 항공기 또는 우주선의 유도에 쓰는 제어 장치이다.

이산화질소(二酸化窒素, nitrogen dioxide)
실온에서는 보통 기체이며, 일부 중합해서 사산화이질소(N_2O_4)가 되고, 그것과 평형 혼합물이 되어 있다. 과산화질소의 다른 이름이다.

인공위성(人工衛星, artificial satellite)
지구에서 쏘아 올려 지구의 둘레를 궤도비행(軌道飛行)하는 인공적인 달이다.

일미나이트(ilmenite, FeTiO₃를 주성분으로 하는 티타늄 광석)
공업적으로 중요한 이산화티탄(TiO_2)을 생산하는 데 필요한 티탄의 원천으로서 중요한 광석이다.

자기력선(磁氣力線, lines of magnetic force)
자기장 안의 각 점에서 자기력의 방향을 나타내는 선을 말한다.

자전주기(自轉週期, rotation cycle)
천체의 자전운동의 주기이다. 지구는 1일, 달은 27일, 화성은 1.026일, 목성은 0.41일, 토성은 0.426일 등이다.

전리기체(plasma)
기체 분자가 전자와 이온으로 분리된 상태(물질의 제4의 상태)이다. 음전하와 양전하의 수가 거의 같은 밀도로 분포해 전기적으로 거의 중성을 유지하고, 우주 구성 물질의 99% 이상이 플라스마 상태로 구성되어 있다.

중거리탄도탄(IRBM)
미국의 중거리 전략미사일로서 중거리탄도탄이라고도 한다. 전략적 목적에 사용되는 1,000~5,000km 내외의 사정거리를 가진 탄도미사일을 가리킨다. 발사 원리, 비행 방법, 탄두 등은 대륙간탄도미사일(ICBM)과 비슷하지만 사정거리가 짧다.

지름(diameter)
한 점 P에서 거리 r인 점의 집합을 반지름 r인 원주(2차원) 또는 구면(3차원)이라고 할 때 중심 P를 지나는 현(弦)으로서 직경(直徑)이라고도 한다. 그 길이는 일정하며 2r이다.

초고압(超高壓, very high pressure)
2~3만 atm을 초과하는 높은 압력이다. 실용화된 장비를 이용하면 1,000만 atm 정도를 얻을 수

있다. 초고압 상태에서의 물질의 특성 연구나 지각의 특성 연구 등이 이루어지고 있으며, 새로운 성질을 갖는 물질 개발에도 이용되고 있다.

추진제(propellant)

로켓의 추력을 만드는 재료로 연료와 산화제를 총칭하여 부른다. 액체 추진제 로켓은 1원 액체 추진제와 2원 액체 추진제로 나눌 수 있다. 2원 액체 추진제는 주로 우주로켓의 추진제로 사용되는데 연료와 산화제로 나누어져 있으며, 1원 액체 추진제는 연료와 촉매로 구성되어 있어서 추력이 아주 작은 인공위성의 자세 제어용 추진제로 사용된다.

탄도미사일(ballistic missile) 또는 탄도탄(ICBM)

발사된 후 로켓의 추진력으로 가속되어 대기권 내외를 탄도를 그리면서 날아가는 미사일이다.

탄두

포탄이나 미사일 따위의 머리 부분이다. 용도에 따라 폭약, 뇌관, 유도 장치, 인공위성 따위를 넣을 수 있다.

태양풍(太陽風, solar wind)

태양에서 우주 공간으로 쏟아져 나가는 전자, 양성자, 헬륨 원자핵 등으로 이루어진 대전 입자의 흐름을 말한다. 태양으로부터 1AU(천문단위)의 거리에서 1cm³당 1~10개의 입자를 가지고 있으며, 평균 속도는 500km/s이다. 태양 표면에서 폭발이 발생하면 속도는 2,000km/s에 이르며, 이온화 가스의 흐름이 지구를 덮으면서 자기폭풍을 일으킨다.

태양흑점(太陽黑點, sunspot) 또는 흑점

흑점은 태양의 표면이라고 일컫는 광구(photosphere)에서 일어나는 현상이다. 흑점에서 가장 어두운 부분은 본영(本影, umbra)이라고 하고, 그 둘레에 본영보다 밝은 방사선 상의 줄기 구조로 이루어진 부분을 반영(半影, penumbra)이라고 한다.

터빈(turbine)

물, 가스, 증기 등의 유체가 가지는 에너지를 유용한 기계적 일로 변환시키는 기계이다.

팔라스(Pallas)

1802년에 올베르스가 발견한 소행성 2번이다. 지름 608km로서 소행성 중 두 번째이며, 공전주기 4.61년, 궤도긴반지름 2.77AU이다. 팔라스의 발견으로 소행성이 한 개가 아님을 알게 되었으며, 그 후 수천 개의 소행성이 발견되었다.

프로테우스(Proteus)

해왕성의 위성으로서 1989년에 보이저 2호가 보내온 자료를 통해 시노트(S. Synnott)가 발견했다. 공전주기 0.55일, 지름 400km, 해왕성의 중심에서 11만 7,600km 떨어져 있다. 해왕성의 위성 중 두 번째로 크지만 반사율이 작아서 어둡고, 해왕성에 가까이 있어서 늦게 발견되었다.

항공우주국(NASA)

미국의 비군사적 우주개발 활동의 주체가 되는 정부 기관으로서 약칭은 나사(NASA)이다. 1915년에 설립된 NACA(National Advisory Committee for Aeronautics : 미국 항공자문위원회)를 1958년에 개편해 창설했다. 대통령 직속 기관으로서 비군사적인 우주개발을 모두 관할하고, 종합적인 우주 계획을 추진한다. 임무는 항공우주 활동의 기획 · 지도 · 실시, 항공우주 비행체를 이용한 과학적 측정과 관측 실시 및 준비, 정보의 홍보 활동 등이다.

핵융합

1억 ˚C 이상의 고온에서 가벼운 원자핵이 융합해 보다 무거운 원자핵이 되는 과정에서 에너지를 창출해 내는 방법으로서, 이 과정을 이용해서 수소폭탄이 만들어졌다. 이 핵연료는 무한하며, 방사성 낙진도 생기지 않고, 유해한 방사능도 적다.

히드라진(N_2H_4, hydrazine)

질소와 수소의 화합물이다.

참고문헌

[1] 다치바나 다카시. 이형우 옮김. 『우주비행사 그들의 이야기』. 서울 : 동암, 1991.

[2] 레지널드 터닐. 이상원 옮김. 『달 탐험의 역사』. 서울 : 도서출판 성우, 2005.

[3] 로버트 자스트로. 이상각 옮김. 『우주탐험의 미래』. 서울 : 을유문화사, 1990.

[4] 브라이안 올레아리. 조경철 옮김. 『화성 1999』. 서울 : 경지사, 1990.

[5] 심승택. 『달에서 만납시다』. 서울 : 정음사, 1969.

[6] 『우주공간 관측 30년사』. 도쿄 : 우주과학연구소, 1987.

[7] 윌리 레이. 김재권 옮김. 『우주과학』. 서울 : 을유문화사, 1972.

[8] 윌리 레이. 조순탁 옮김. 『인공위성과 우주』. 서울 : 탐구당, 1964.

[9] 윌리엄 E. 호워드. 『목적지 : 달세계』. 서울 : 미국공보원, 1969.

[10] 윌리엄 L. 브라이언. 김진경 옮김. 『달과 UFO』. 서울 : 경진사, 1986.

[11] 이승원. 『인공위성』. 서울 : 문운당, 1958.

[12] 『21세기에 도전하는 일본의 우주산업』. 도쿄 : 일간공업신문사, 1986.

[13] 인공위성연구센터. 『우리는 별을 쏘았다』. 서울 : 미학사, 1993.

[14] 제리 리넨저. 남경태 옮김. 『우주정거장 미르에서 온 편지』. 서울 : 예지, 2004.

[15] 제임즈 J. 해거티. 위상규 옮김. 『우주선』. 서울 : 탐구당, 1963.

[16] 존 딜. 최영복 옮김. 『우주의 신비를 헤치고』. 서울 : 어문각, 1963.

[17] 존 바우어. 경향신문사 옮김. 『인간, 달을 밟다』. 서울 : 경향신문사 출판국, 1969.

[18] 줄 베른. 이병호 옮김. 『달나라 여행』. 서울 : 소년세계사, 1964.

[19] 진봉천. 『달 정복과 그 사람들』. 서울 : 노벨문화사, 1969.

[20] 마이크 멀레인. 김범수 옮김. 『우주에서는 귀가 멍해지나요』. 서울 : 한승, 1999.

[21] 마틴 리즈. 한창우 옮김. 『태초 그 이전』. 서울 : 해나무, 2003.

[22] 채연석. 『눈으로 보는 로켓 이야기』. 서울 : 나경문화, 1995.

[23] 채연석. 『눈으로 보는 우주개발 이야기』. 서울 : 나경문화, 1995.

[24] 채연석. 『로켓과 우주여행』. 서울 : 범서출판사, 1972.

[25] 채연석. 『로켓이야기』. 서울 : 승산, 2002.

[26] 채연석. 『우리는 이제 우주로 간다』. 서울 : 해나무, 2006.

[27] 채연석. 『한국 초기 화기연구』. 서울 : 일지사, 1981.

[28] 채연석 · 강사임. 『우리의 로켓과 화약무기』. 서울 : 서해문집, 1998.

[29] 토머스 D. 존스. 채연석 옮김. 『NASA, 우주개발의 비밀』. 서울 : 아크라네, 2003.

[30] 홍용식. 『우주를 향한 인간의 꿈』. 서울 : 동아일보사, 1991.

[31] Anderton, David A. *Man in Space*. NASA EP-48, NASA, 1968.

[32] *Apollo 11—Lunar Landing Mission—*. NASA, 1969.

[33] *Apollo 8—Man Around The Moon—*. NASA EP—66, NASA, 1968.

[34] Bond, Peter. *Reaching for the Stars*. London : A Cassell Book, 1993.

[35] Booth, Nicholas. *SPACE*, London : Brian Trodd Pub. House Limited, 1990.

[36] Caprara, Giovanni. *Space Satellites*. New York : Portland House, 1986.

[37] Clark, Phillip. *The Soviet Manned Space Program*. New York : Orion Books, 1988.

[38] Clarke, Arthor C. *Man and Space*. New York : Life Science Library, 1964.

[39] Cleator, P.E. *An Introduction to Space Travel*. New York : Pitman Publishing Co., 1961.

[40] Corliss, William R. *Exploring the Moon and Plenets*. NASA EP—48, NASA, 1968.

[41] Edward, Pendray G. *The Coming Age of Rocket Power*. New York : Harper & Brothers Publishers, 1944.

[42] Ehricke, Krafft A. *Exploring the Planets*. Boston : Little, Brown and Co., 1969.

[43] Feldman, Anthony. *SPACE*. New York : Facts On File, 1980.

[44] Freeman, Marsha. *How We Got to the Moon*. Washington D.C. : 21st Century Sciency Associates, 1993.

[45] Gatland, Kenneth. *Space Technology*. 2nd ed., New York : Salamander Books Limited, 1989.

[46] Glushko, V.P. *Development of Rocketry and Space Technology in the USSR*. Moscow : Novosti Press Agency Publishing House, 1973.

[47] Glushko, V.P. *Rocket Engines, GDL—OKB*. Moscow : Novosti Press Agency Publishing House, 1975.

[48] Glushko, V.P. *Soviet Cosmonautics*. Moscow : Novosti Press Agency Publishing House, 1988.

[49] Haley, Andrew G. *Rocketry and Space Exploration*. New York : D.van Nostrand Co., Inc., 1959.

[50] Jenkins, Dennis R. *Space Shuttle*. Flodia : Broadfield Publishing, 1993.

[51] Joels, Kerry Marks. *The Mars One Crew Manual*. New York : Ballantine Books, 1985.

[52] Lent, Constantin Paul. *Rocket Research*. New York : The Pen—Lnk Pub. Co., 1945

[53] Lewis, Richard S. *Appointment On The Moon*. New York : The Viking Press, 1968.

[54] Ley, Willy. *Rockets, Missiles and Space Travel*. New York : The Viking Press, 1943 ˜ 1968.

[55] Ligun, Deng. *China Today Space Industry*. Beijing : Astronautic Publishing House, 1992.

[56] Mason, Robert Grant. *Life in Space*. Boston, Toronto : Little, Brown & Co, 1983.

[57] Matson, Wayne R. *COSMONAUTICS*. Washington D.C. : Cosmos Book, 1994.

[58] Matson, Wayne R. *The Soviet Reach for The Moon*. Washington D.C. : Cosmos Book, 1994.

[59] *Moments In Space*. New York : Gallery Books, 1986.

[60] Pope, Dudley. *Guns—From the Invention of Gun Powder to the 20th Century—*. New York :

Delacorte Press, 1965.

[61] Riabchikov, Evgeny. *Russians in Space*. New York : Doubleday & Co, Ins, 1971.

[62] Ried, Willian. *ARMS—through the Ages—*. New York : Harper & Row Publishers, 1975.

[63] Ron, Miller. *The Dream Machines*. Krieger Publishing Co, Malaber, 1993.

[64] Ross, Frank H. Jr. *Guided Missiles*. New York : Lothrop Lee & Shepard, 1951.

[65] Rycroft, Michael. *The Cambridge Encyclopedia of Space*. Cambridge : Cambridge Univ. Press, 1990.

[66] Sagon, Carl. *COSMOS*. New York : Random House, 1980.

[67] *Salyut Takes Over*. Moscow : Novosti Press Agency Publishing House, 1983.

[68] Sharpe, Mitchell R. *Satellites and Probes*. New York : Doubleday & Company, 1970.

[69] Shkolenko, Yuri. *The Space Age*. Moscow : Progress Publishers, 1987

[70] Slukhai, I.A. *Russian Rocketry*. NASA TTF-426.

[71] Sokolskii, V.N. *Russian Solid-Fuel Rockets*. NASA TTF-415, 1967.

[72] *Space : The New Frontier*. NASA EP-6, NASA, 1966.

[73] Stuhlinger, Ernst. *Wernher von Braun*. Malabar : Krieger Publishing Co., 1994.

[74] Taylor, John W.R. *Rockets and Missile*. New York : Bantam Books, 1972.

[75] *The Kennedy Space Center Story*. NASA, 1991.

[76] *THIS DECADE... Mission To the Moon*. NASA EP-71, NASA, 1969.

[77] *This New Ocean—A History of Project Mercury—*. NASA SP-4201, NASA, 1966.

[78] Trefil, James S. *Living in Space*. New York : Charles Scribner's Sons, 1981.

[79] Tsiolkovskiy, K.E. *Works on Rocket Technology*. NASA TTF-243.

[80] von Braun, Wernher. *Space Frontier*. New York : Holt, Rinehart & Winston, 1967.

[81] von Braun, Wernher. *The Mars Project*. Urbana : Univ. of Illinois Press, 1962.

[82] von Braun, Wernher. *The Rockets' Red Glare*. New York : Anchor Press, 1976.

[83] von Braun, Wernher and Ordway, Frederick. *History of Rocketry and Space Travel*. New York : Crowell, 1975.

[84] Walter, William J. *Space Age*. New York : Ramdom House, 1992.

[85] Winter, Frank H. *Prelude to the Space Age*. Washington D.C. : Smithsonian Institution Press, 1983.

[86] Winter, Frank H. *Rockets into Space*. Cambridge : Harvard Univ. Press, 1990.

[87] Winter, Frank H. *The First Golden Age of Rocketry*. Washington D.C. : Smithsonian Institution Press, 1990.

[88] Zaloga, Steven J. *Soviet Air Defence Missiles*. Surrey : Jane's Information Group, 1989

찾아보기

가니메데   42

가스 기구(gas balloon)   61

갈릴레오호   42

거주 모듈(SHM)   113

경사궤도   84

고더드 로켓   71

고정 서비스 구조물(fixed service structure)   141

고체 추진제 추력 보강용 로켓   203
(SRB : solid propellant rocket booster)

공전   14, 20

공전주기   29

과염소산암모늄(NH_4ClO_4)   68

과염소산칼륨($KClO_4$)   68

국제소행성센터   37

국제우주정거장(ISS)   104, 235~241

국제천문연맹(IAU)   48

국제천문학회   16

궤도선(orbiter)   133~136

귀환 모듈(RV)   112

극저온 추진제(cryogenic propellant)   73

글로벌플라이어(Globalflyer)   155

금성   32~34

기계선(SM : service module)   169

남북궤도   84

내핵   20

노즐   69

뉴호라이즌스호   48

닉스(Nix)   48

달   28~30, 167~218

달 자동차(Lunar Rover)   172

달 착륙선(LM : lunar module)   183~189

달 착륙선 상부(ascent module)   170

달 착륙선 하부(descent module)   170

대기권   21~25

대류권   24

대륙간탄도탄(ICBM)   70

대신기전(大神機箭)   65~68

데이모스   36

도킹 포트(docking port)   113, 224

동력 장치   59

디스노미아라   48

디아몽 로켓   73

레드스톤 로켓   120, 129

루나 프로스펙터(Lunar Prospector)   207

르페르 복엽기(LePere biplane)   53

맨틀   21

머큐리 우주선   118~122

명왕성   48

목성형 행성   16

무중력 상태   116

미국 로켓 회사(American Rocket Co.)   76

미르   223~230

발사 비상 시스템(launch abort system)   198

발사체 조립 빌딩   139

백기사(White Knight)   156

밴 앨런 복사대   26

베스타   37

벨 X-1   78

보스토크 로켓(8K72K)   90, 98

보스토크(Vostok) 1호	93~97	스카이랩	231~234
보스토크 6호	94	스페이스십원(spaceship one)	154~164
보스호트 로켓(11A57)	96	스푸트니크 1호	159
보스호트(Voskhod) 우주선	94~97	승무원 모듈(crew module)	198
보이저 호	41	신형 소유스 3 로켓	115
복합형 기구(Rozier balloon)	57, 61	아레스 V 로켓	202~203
부란 우주왕복선	107~111	아레스 1 로켓	201
부력	57	아리랑 2호 위성	84
브레이틀링 오비터(Breitling orbiter) 3호	57	아틀라스-D 우주로켓	86
비대칭 디메틸히드라진(UDMH)	73	아틀라스 로켓	120~122, 129
비추력(Isp)	74	아틀란티스호	237
비화창(飛火槍)	65	앙가라 3A	115
사령선(CM : commend module)	168	액체 산소(O_2)	125
사산화이질소(N_2O_4)	125	액체 수소(H_2)	125
산화제	71~73, 125~127	액화 프로판가스	61
살류트 1호	221~222	에네르기아 로켓	107
살류트 7호	224	에네르기아 추력 보강용 로켓	75
상온 추진제	73	에로스	37, 40
새턴 5 로켓	74, 139, 174, 176	에어로진(Aerozine)	127
새턴 1 로켓	173	엔셀라두스	46
새턴 1B 로켓	174	역분사 로켓	92~93
서비스 모듈(service module)		역추진 로켓	92~97
	98, 112, 198~199	열권	25
성층권	25	열기구(hot balloon)	51
세레스	37, 48	오리온(Orion)	148, 196~200
셀레네(Selene)	214	오존층	25
소유스(Soyuz) TMA 우주선	97~106	왜행성	48
수성	31	외부 탱크(external tank)	136
수소	124	외핵	20
스윙바이(swingby)	45	외행성	37

우주방사선	206	제트엔진	54
우주선 어댑터(spacecraft adapter)	198	주피터-C 우주로켓	86
우주왕복선(Space Shuttle)	107~115	주화(走火)	65
우주왕복선의 주 엔진(SSME)	135~136	중간권	25
원자핵	19	중거리탄도탄(IRBM)	129
유니티(Unity)	236	즈베즈다	236
유럽우주기구(ESA)	216	지각	20
유황	68	지구	20~30
은하	13~15	지구형 행성	16
응급 회수 시스템(ERS) 모듈	113	진공 상태	206
이동식 발사대(mobile launch platform)	139	질산칼륨(KNO3)	68
이심률	23	차폐 장치(shield)	105
익스플로러(Explorer) II	52	착륙선 독수리호	184
익스플로러 1호	86	창어 1호	215
일미나이트(ilmenite)	210	천왕성	13, 47
일본우주항공개발기구(JAXA)	214	천체(NEO)	37
자기장	26	추력	62
자랴(Zarya)	236	추력 보강용 로켓(SRB)	70
자외선	18	카론(Charon)	48
자전	20	카시니-호이겐스 호	43~45
자전주기	29	콘테사 클래식	58
저궤도	83	크레이터	207
저항 낙하산(Drogue chute)	128	크반트 1호 모듈	225~226
적도궤도	84	클리퍼(Kliper)	112~115
전리기체(plasma)	104	타이탄	125
접촉성 추진제(hypergolic propellant)	127	타이탄(Titan) II호 로켓	125
정지궤도	84	탈수산화부타디엔(HTPB)	158
제니트(Zenit)	108	태양계	16~19
제미니(Gemini)	123~128	토성	43~46
제트기류	25	파이어니어호	41~42

팔라스	37	화성	34~36
포보스	36	화차(火車)	67
포이베 위성	43~46	회전 서비스 구조물(rotating service structure)	
폴리우레탄 폼(polyurethane foam)	136		141
프로그레스	224	흑점	18
프로테우스(Proteus) 고공 다목적 비행기	156	히드라(Hydra)	48
프로톤 로켓	191	히드라진(N_2H_4)	73
플라이어	53	GE90-115B	62
플레어	18	KSR-III 액체 추진제 로켓	75
하이브리드 로켓	64	R-7 로켓	74
한국항공우주연구원(KARI)	75	SR-71	54
항공우주공학자	162	V-2	71
항공우주국(NASA)	168	X-1 비행기	80
해왕성	47	X-15A	80
혜성	16	X-선	216